DALE CARNEGIE®
TRAINING

卡耐基经典成功学

开创丰富人生

（美）戴尔·卡耐基（Dale Carnegie）／著
（美）戴尔·卡耐基联合公司（Dale Carnegie & Associates, Inc.）／编
余沐函／译

中国电力出版社
CHINA ELECTRIC POWER PRESS

图书在版编目（CIP）数据

开创丰富人生 /（美）卡耐基著；美国戴尔·卡耐基联合公司编；余沐函译 .—北京：中国电力出版社，2015.1

（卡耐基经典成功学）

书名原文：Living an enriched life

ISBN 978-7-5123-6679-4

Ⅰ.①开… Ⅱ.①卡… ②美… ③余… Ⅲ.①成功心理—通俗读物 Ⅳ.①B848.4-49

中国版本图书馆 CIP 数据核字（2014）第 250459 号

中国电力出版社出版、发行

北京市东城区北京站西街 19 号 100005　http://www.cepp.sgcc.com.cn

责任编辑：高竞男

责任校对：李　楠　　责任印制：赵　磊

航远印刷有限公司印刷 · 各地新华书店经售

2015 年 1 月第 1 版 · 2015 年 1 月北京第 1 次印刷

880mm × 1230mm　32 开本 · 6.25 印张 · 121 千字

定价：32.00 元

“卡耐基经典成功学”

——基于卡耐基的人生哲学、处世智慧、职场技巧

本书主要为你解决：

◎如何过上丰富多彩、有成就感的生活？

◎如何摆脱庸庸碌碌和呆板无聊？

◎如何克服负面情绪，保持成功者的心态？

◎如何让合理地冒险，在大步向前时降低失败几率？

◎如何塑造有魅力的个人形象？

……

本书如何为你解决：

◎戴尔·卡耐基经典理念的完整再现

◎由卡耐基亲创公司 Dale Carnegie & Associates, Inc. 最新授权

◎融入官方最新咨询案例和成熟培训经验，更符合现代人需求

◎八大主题：自信、激情、坚定、个人形象、自我激励、积极向上、勇气、重振旗鼓

真心希望你通过阅读此书，改善工作方法，提高生活质量，赢得成功人生，收获智慧与幸福。

前言

让生活丰富而多彩

“随着年纪增长，我越来越能感受到态度之于生活的影响。对我来说，态度远比客观现实更重要，更遑论过往、学识、钱财、境遇、失败、体面、天赋或技能。公司、教会、甚至家庭的成败都可能取决于态度。但是有一件事是令人欣慰的，至少我们每天可以选择以什么样的态度去拥抱生活。是福不是祸，是祸躲不过，我们唯一能做的就是弹好我们手里的那根弦，上演我们自己的精彩生活。我坚信，生活只有一成取决于既定事实，剩下九成为我们对其做出的反应。我们掌握的自己的态度，构建了我们的整个生活。”戴尔・卡耐基如是说。

谁不想在活着的时候多拥有一些？我们生命中三分之一的时间在睡觉，还有至少三分之一的时间忙于我们的事业或照顾家人，而如果我们足够幸运，余下的时间可以花在消遣娱乐、文化熏陶、宗教信仰或者百无聊赖上。可太多的人过着庸庸碌碌的生活，做着无聊呆板的工作，把闲暇时间浪费在毫无成就感的追求上。

本书将讨论我们为什么会掉入这些陷阱，并就你如何克服困难、解决问题、向着更加美好的生活前进，提供一些小建议。

树立自信

书中一开始将讨论自信——这种我们觉得自己能够完成计划并达成目标的感觉，是充实生活的基本要素。许多人之所以干不好自己的工作，从未在商业投资上取得过成功，甚至把个人生活搞得一团糟，究其最主要的原因，就是缺乏这一重要要素。那么人们为什么缺乏自信呢？一个普遍的原因是在于他们自己以前曾经历过一些失败，他们害怕重蹈覆辙；另一个原因在于他人，包括他们的父母、师长或者老板，这些人对他们的表现从不满意，让他们觉得自己是失败者。

也有一些人曾尝到过成功的滋味，但草草收尾又有了些许失败的味道，他们任由失败控制了自己的理智，最终沦落到对任何事情都缺乏自信的境地。本书将告诉你如何克服这个问题，如何培养自信，并且将这种信心十足的个人形象维持下去。

满怀激情

研究表明，但凡成功人士，无论男女，无论从事于政治、商业、科学还是艺术，他们都有一个共同的特点，那就是对工作和生活充满激情。

激情，不仅是那些成功人士的秘密武器，也是他们快乐的源泉。

激情使一个人对他人、对工作和对世界的态度迥然不同，也是乏味的生活和丰富的生活的区别所在。

坚定不移

凡是成功之人，在初始之时都有一个目标。在通向成功的漫漫长路之上，必须先设立目标，并为之前进和奋斗。明确了我们的目的地和计划，我们就能集中时间、精力和情感，付诸实践，踏上最终抵达目的地的正确道路。本书将教你如何设立能鼓舞我们不断奋进的目标，如何保证自己不偏离目标，以及在通向目标的路上如何克服困难。

个人形象

无论他人与我们相处是否感觉舒适，我们所展现的积极的形象是他人对我们产生信任的一个主要因素。

一个待人热情、人见人爱的形象是可以培养的。诚然，在我们的形象中，某些方面是与生俱来的，例如外在容貌、智力和某些天赋，但是我们每个人都有充分利用天赋的能力，不断培养、发展这些天赋，就能最终拥有令人赞美的形象。

成为我们想成为的人，这并非易事，但至少先要有一种强烈的渴望，决心培养出开朗愉快、乐观积极的言谈举止——这样的形象才能赢得我们身边人的赞许。本书将教你如何给人留下良好的第一印象，并不断维持和巩固。

自我激励

仅仅想达成目标还远远不够。我们必须不断地强化我们的渴望和雄心，使目标始终能强烈地吸引着我们，通过积极努力的行动保持健康的状态。只有这样，我们的梦想才能基于现实来实现。当我们落后时，如何激励自己学习技能、不断奋进、最终达成目标，是我们将主要学习的课题之一。

积极向上

世界上最令人振奋的习惯就是始终满怀希望，坚信一切都将有圆满结局，坚信我们最终会取得成功，而且无论发生什么我们都将幸福地生活。

没有什么比这种积极乐观、期待未来的态度更充满希望了——这种态度使你能一直寻找生活中的最好的一面，设立最高的目标，做最快乐的自己，永不堕落至悲观消极的心灰意冷中。

保持乐观的心态并非易事，尤其是在事与愿违的时候。本书将教你在面对问题时如何克服负面情绪，果断而理智地思考问题。

充满勇气

成功人士往往具有将创意付诸实践的勇气，心甘情愿地将金钱和心血投入到他们信仰的事业中去。

如果我们想在工作和生活中取得进步，就必须冒险。而通过仔细地分析，我们虽然不能根除失败的可能性，但能把这种几率降至最低。没有辛苦就没有收获。如果一直采取保守安全的做法，我们可能逃避了辛苦，但永远不能感受到克服障碍并且最终达成目标的那种巨大的愉悦和满足感。

重振旗鼓

即使我们拥有丰富的经验和过硬的技术，成功也不是十拿九稳的事。我们总会遭遇那么几次失败，但是不能让失败的心态湮没我们。我们要从错误中汲取教训，然后运用我们的所学去战胜失败。

沮丧或失败往往有连锁影响，使我们士气低下，摧毁我们的自信。除非立即采取矫正措施，否则这种心态将恶化成自怨自艾、甘于失败和愁苦不休。本书将带领你探索如何克服失败后的负面心理影响，并重拾斗志。

充分利用本书

首先通读全书，了解整体概念。然后重读每章，运用其中的指导方法去完成每项内容。这将带领你过上丰富而多彩的生活——这是向成功之路迈出的一大步。

亚瑟·R. 佩尔（Arthur R.Pell）博士

目录

01

树立自信——自我认同

> 相信自己！相信自己的能力！如果对自己的能力都没有正确的认识和自信，你就不可能取得成功，更不会过上幸福生活。
>
> ——戴尔·卡耐基

拉里的公司张贴出一个招聘通知，职位是新部门的主管。拉里很心动，想申请这个职位。但是考虑了一会儿，他对自己说:“我很想升职，但是我觉得自己做不好这份新工作。”

苏珊针对提高生产率的问题向她的老板提出了一些建议，但是老板指出了建议的一些瑕疵。苏珊对此的反应是:“我是个失败者，无法将事情考虑周全。我再也不提什么建议了。”

克莱尔收到了担任教会委员会主席的邀请，她对丈夫说:“我得和教会成员谈谈这事儿，我根本当不好什么主席。”

艾略特在今年的前三个月中都荣登公司推销员业绩排行榜的榜首，但是在第四个月，他的销售量落后了。于是他对自己说:“第一季度我只是很幸运而已，但是现在没有那么好的运气了，我被打回原形了，只能刚好完成配额。

这才是我的真实能力，我就知道好业绩是无法持久的。”

这些人都存在什么问题？他们都缺乏自信。他们每个人都把自己看做彻底的失败者，认为自己注定挣扎在生活的底层。

有的时候，我们可能会怀疑自己的能力和成绩，自信心会因受到打击而跌得粉碎。更糟糕的是，我们居然还过分重视他人对我们的看法，一直在心里琢磨着自己在他们心中是不是一无是处，久久不能释怀，渐渐把幻想中他们对我们的轻视变成了我们对自己的定位。这种不断强化的心态最终会让我们因恐惧失败而不敢冒险。我们不断贬低自己，忽视自己的长处，受制于那些有百害而无一利的自我设定，不断陷入自我挫败的心理模式和低落情绪。

自信心是自尊心不可分割的一部分。我们必须要相信自己，必须发自内心地觉得自己是一个有价值的人，才能对我们做出的决定充满信心。如果我们连自尊心都没有，我们怎么能有信心说我们的决定是值得的？

我们常常过于介意他人对我们的看法而忽视了自己的感受。威廉·贝克尔是 20 世纪的一位作家，他曾这样劝诫他的读者：“千万不要在意‘他人’怎么看你，因为他们可能低估了你，也可能高估了你！只有你正确的自我认知和信心才能引导你取得成功，也只有到那个时候，他人才会发现你的真实价值。即使无人相信你会成功，你也能成功；然而如果你自己都不相信自己，你就绝不可能成功。”

希腊伟大的哲学家埃皮克提图[1]也曾说过："不能掌握自己的人是不自由的。"除非我们相信自己的能力，坚定我们必将成功的决心，否则我们永远无法踏上通向目标的成功之路。我们得对自己充满期待，这种期待能够激发出最好的自己。

有些句老话说得好：

"生活的战场并不总属于最强或最快的人，然而坚信自己能做到的人早晚都会成为最后的赢家。"

"决定了我们是谁的不是别人，而是我们自己。"

不够自信的人会过于在意别人的看法，并渐渐把别人的看法当成了自己的实际情形。他们变得不敢冒险，渐渐不再期望什么成功，只是因为他们害怕失败之后别人的眼光。他们不断贬低自己，无视自己的闪光点，受制于那些虚假的、消磨信心的自我设定，陷入无休无止的自我挫败中，无法自拔。

自我挫败的心理模式有下面几种。

◎思维极端化

· 上文中，当苏珊的上司对她的建议提出批评后，她就是这种反应。一次失败就让她觉得"我的表现不完美，我就是一个彻底的失败者。"

---

❶ 原文是 Epicticus，应为作者笔误。这句名言的出处应为希腊哲学家 Epictetus。——译者注

◎灾难巨大化

· 他们认为灾难潜伏在周围，近在咫尺，随时可能降临，毁灭一切，一个瑕疵、一点批评、一个转瞬即逝的不愉快时刻就让其他成就黯然失色，例如，“我搞砸了那次演讲，今后我再也没有晋升的机会了。”

◎放大负面影响

· 好成绩的正面影响总是不能战胜差成绩的负面影响。这就是艾略特为什么会有那样的反应：“第一季度我的最佳销售量只是因为幸运而已，但是现在我被打回原形了——只能刚好完成配额。”

◎过度强调“应该怎么样”

·“应该怎么样”意味着我们最理想的状态，但是最理想的状态经过现实的打磨之后变成了“现状”。认清“现状”后，我们应当能够规划如何从“现状”前进到最理想的状态。但有的时候我们在看清“现状”后就会发现，我们离应该达到的最理想的状态还有一段遥不可及的距离。这个时候，比起贸然行动，反而更应该先停下脚步，去观察、去反思、去聆听，才能重振旗鼓。

◎跳出自己的舒适区

· 从童年时期开始，我们就将周围塑造一个让自己感到舒适的环境。

在萨利家里，大小事都是父亲做主，从不听取孩子们的意见，而孩子们从小都只是被监督、被教育。所以现在，萨利作为一个成人、一个妻子、一个母亲和一个职员，在需要独立决定的时候就感到了无所适从。

查理在美国军队里当了很多年的行政士官，虔诚地学习《军规》并坚定不移地执行。所以在他退休后担任的第一份平民化工作中，由于公司并没有相应的书面规章制度去指导他，他就不知道该怎样高效地工作了。

桑德拉在当地一家流行服饰专卖店里担任青少年专区的采购员。当她的上司要求她解说一场时装秀时，她感到很恐惧，因为跟顾客一对一地对话是她日常工作的内容，她感到熟悉且舒适，然而在一群人面前说话就超出了她舒适区的范围。后来，她上司建议她通过学习戴尔·卡耐基培训课程来解决这个问题。

戴尔·卡耐基在课程中开发了一套帮助参与者克服不安情绪的训练方法。在每堂课中，导师都会要求每位参与者至少当众演说一次，大家也情绪高涨，创造出鼓励演讲者的氛围。卡耐基培训的这套方法在近百年里帮助了成千上万的参与者，其中就有桑德拉。她现在每年都会解说好几场时装秀，而上司和顾客对她工作表现的赞扬也极高地提升了她的自尊和自信。

培养自信心的策略

以下这些策略可以帮助你克服自我挫败的思维模式。

接纳自己

接纳自己，就要求我们接受自己只是平凡人，但同时关注自己身上积极的方面——我们拥有的素质、长处和特点——这些东西使我们成为了自己。当我们把关注点放在自我形象中的这些积极方面上时，自信心和自尊心也会受到积极的影响。人们通常都去关注自己的短处而非长处，这样其实害多益少，我们必须使自己和他人把注意力放在我们积极的方面上。

关注我们的成功

这一点的关键在于，多想想过去我们取得的成功和成就，为过去我们做得好的事赞扬自己。因为他人总是急于向我们指明我们做得不好的地方，所以我们很容易揪着自己的失败不放。当我们花些时间细细回味过去获得的种种成功时，我们的视角就变了。

一种很有效的方法就是建立一个清单，记录在生活中我们已经获得的成功和成就。起初的时候可能有些困难，不能一下子累积得如我们理想般的那么全面，但是只要坚持下去，我们就能不断往清单中添加我们取得的成功和成就，同时我们的自信心也在不断增强。

汉丽埃塔是一位销售代表，在佛罗里达州奥兰多市的一家房地产公司任职。她收到过一位客户的感谢信，信中客户表达了感谢之情，感谢汉丽埃塔帮她找到了她的“理想家园”。

汉丽埃塔为此感到自豪，并向办公室的同事们展示了这封信。她的老板建议她设立一个专门的文件夹来放置这封感谢信以及今后将收到的感谢信。他对汉丽埃塔说：“这就是你的‘成功文件夹’。在以后工作不那么顺利的时候，这些感谢信将会激励你，给你勇气，它们证明了你曾经做得那么好，你一定能再创辉煌。”

汉丽埃塔采纳了他的建议。但是由于不一定每次胜利都有感谢信作证，于是她还建立了一个“成功日志”。在日志中，她罗列出了意义重大的成绩，如完成了一次困难重重的销售、获得了一家建筑公司新建楼盘的第一销售权、月度销售冠军等等。

我们每个人都会经历人生低谷，汉丽埃塔也不例外。每当她勉强完成销售任务的时候，一段时间没有做出突出成绩的时候，或者情绪低落的时候，她就会打开她的“成功文件夹”，重新阅读那些感谢信，回顾日志中的一个个条目，这些能帮助她重拾信心，激励她做回真正的自己。

和自己对话

我们把文件夹和日志组合起来，就建立了一场有证据的自我对话，这样的成绩记录是很有说服力的。一个运动队成绩落后时，教练就会说一些鼓舞士气的话，而我们就是自己的教练，所以我们得给自己打气。那我们说些什么？因为有那些分量十足的证据，我们建立了一个经得起考究的证据库，越是强有力的证据，传递出的信息就越可信。我们必须时不时地就进行这样一场内心对话，通过这种办法，我们才能够夺回自我思想的控制权，这也是我们唯一一样拥有最终控制权的东西。换句话说，我们必须给自己进行心理治疗，帮助自己重拾信心。

汉丽埃塔回顾了成功文件夹之后，她就根据文件夹中的各项证据进行了一场自我对话。她不断向自己重复着曾获得的成果，就像教练提振队员的士气一样，她也为自己迈向下一步成功打气加油。

> 每时每刻跟自己对话能引导你的思维，让你时刻充满正能量，并达到内心的平静。不断跟自己提起曾经的优秀成绩，能让你保持引吭高歌的积极心态。
>
> ——戴尔·卡耐基

明确目标的方法

◎把精力集中在我们渴望达成的目标上。仅仅说“我想要一份极具潜力的工作”是远远不够的，我们需要更加精确细致的目标，例如“我想要一份市场调研员的工作，能有机会证明自己能够进军管理领域”。

◎规划一份达成目标的详细计划，并且立即执行，无论我们是否准备就绪，都要把计划落实到实践上。

◎简要明了地写下一份“声明”,其中包括我们的目标和将要采取的行动。

◎每天大声朗读这份声明两次，一次在晚上睡觉前，一次在早上起床后。这样的朗读能让我们感觉到自己的变化,并坚信自己已经在朝目标坚实迈进。

自信的人勇于冒险

把人生的新经历当做学习新事物的大好机会,而非你死我活的残酷挑战,这样的心态将带领我们打开丰富多彩的大门，让我们更容易接纳自己;反之,每种可能性都为成为潜伏着的失败，阻碍我们的个人成长。

有的人总是稳扎稳打，从不走险棋，所以绝大多数情况下，他们只能是中庸之辈，无法获得真正意义上的成功。因为他们从不承担可能会遭遇滑铁卢的风险，虽然避免了“失败的绝望痛苦”，但也永远无法体验到“无限风景在险峰”的畅快淋漓。

> 不妨勇敢尝试一把，因为生命本身就是一场华丽的冒险，敢于冒险且欣然前行的人往往是走得最远的人，而一直坐在“保险起见”的船上的人永远不可能驶离海岸太远，自然也永远看不到大海深处的瑰丽和磅礴。
>
> ——戴尔·卡耐基

海龟是一座活堡垒，它有坚硬的甲壳保护自己免受外界的伤害。但就算是海龟，也得从甲壳里伸出头，伸长脖子，把自己暴露在危险的外界环境之中，才能移动和前进。和海龟一样，如果我们想追求进步，就不能“蜗居”在“完美”的保护壳之下，为了前进，我们必须伸出脖子前行。

勇于冒险并不代表铤而走险。理性的人只在合理的范围内冒险，但当然，风险就意味着可能失败。成功的企业经理人每次作决策都是在冒险，但是他们会事先做足完备的风险分析和风险防范，尽量把成功的几率最大化，到了最后必须拍板的时刻，就欣然接受一切，包括可能会损失金钱、时间、精力和心血的风险。记住，没有失去的风险，就没有丰富收获的可能。

“第九局已经接近尾声了，现在红袜队以 2 ：1 领先于洋基队。在前两位击球手都三振出局的不利情况下，轮到洋基队的最佳击球手戴维·威菲特上场了。球穿过场地直面而来，哇哦！非常有力的一击！现在戴维非常轻松地跑在了第一位，他会打出二垒安打吗？”

在那么几微秒中，戴维必须决定是采取保守的打法还是冒险打出一记能够让他进入得分圈的长打。如果他失败了，比赛就结束了，但是冒险一试长打能增加反败为胜的几率。戴维是一个勇于冒险的人，只要胜利比平局多一点点的可能性，他都会力争打出二垒安打。

冠军都是有自信的，无论是在生活中还是竞赛中，他们都不惧冒险，这才成就了他们“冠军”的称号。

在《克服忧虑，释放自我》(How to Stop Worrying and Start Living)一书中，戴尔·卡耐基建议，在面对困难和挫折时要问问自己的内心："最糟糕的情况会是什么？"做最坏的打算，并做好应对的准备；然后在最糟糕的情况下尽力改善。

当我们面临问题，需要决定是不是要冒险尝试一种创新的、激进的或者仅仅是与往常不同的解决方法时，我们都可以运用这些原则。

吉尔·贝克一直没能成功约到他的一位潜在客户——一位名叫斯坦·格林的采购经理。他打过电话，也写过信件，甚至坐在格林家门口想"堵截"他，但全都无功而返。他的同事们都劝他放弃格林，把精力和时间用在发展其他客户上。但是吉尔异常执著，他认为一定有办法能引起格林的注意。他得知格林将去一个工厂车间巡视讲话后，就在心里琢磨："如果我到这个车间里，我就能在他讲话结束后想办法接近他，问他一些问题并趁机介绍自己，这样他至少会知道我是谁。"

他的销售经理和同事们都不看好他的行动："吉尔简直疯了，他今后再也别想接触到这个公司的任何人了。"

吉尔运用了卡耐基的原则。他的心路历程是这样的："最糟糕的情况能是什么？是他不跟我们合作。这并没有多糟糕，反正他现在也没有和我们合作，所以我们根本不会损失什么。

"做最坏的打算，并做好应对的准备——如果这次我仍然没给他留下什么印象，我就放弃了这个客户了。

“在最坏的情况下尽力改善——精心准备我要问的问题，让他看到我真的很了解他的生意，这可能会减少他对我的抗拒感。”

因为走了这着险棋，吉尔完成了“不可能完成的任务”，为他的公司发掘了一位带来颇多利润的大客户。

如果我们想在事业和生活中不断进步，就必须敢于冒险。通过仔细地研究分析，我们能把失败的几率降至最低，但是我们无法根除这种风险。“没有痛苦，就没有收获。”如果我们总是走最安全的路线，这样也许避免了痛苦，但我们永远也品尝不了愉悦和满足的滋味，因为它们只能来源于跋涉千难万险最终抵达目的地的过程中。

自主型人格与攻击型人格

自信满满的自主型人格和咄咄逼人的攻击型人格之间是有区别的。只要胆魄和自信没有伤及他人的感受，大都能为我们赢得欣赏。我们熟知的许多个人和公司的成功故事都是其坚忍不拔、不断奋进的结果，然而，许多人都误解了“自主型与攻击型”和“自主型与被动型”之间的区别。

自主型的行事风格被定义为“以不侵犯他人基本权利的方式坚持自己的看法和做法”。大多数情况下，自主型和攻击型之间区别的根源在于自尊，而戴尔·卡耐基原则（见附录四）就在两者间找到了平衡。他既不提倡“踩着别人的肩膀”，也不提倡“被别人踩着肩膀”，他提倡的是“与他人同行”的双赢原则。自主型的沟通交流就是一种既坚定地表达自我的感受、又能顾及他人感受的人际关系处理方式。

下表说明了攻击型人格、自主型人格和被动型人格之间的区别。

攻击型人格、自主型人格与被动型人格之间的区别

攻击型人格	自主型人格	被动型人格
以为我为中心	捍卫自己的权利，又顾及他人的感受和权利	担忧他人的个人损害
经常向别人施压或使别人处于压力之下	能处理好紧张的情况，并继续推进	内心感到压力巨大，但不表现出来
过分注重结果	要求自己具有强硬的自我形象	经常有低自尊的表现
过分直接和坦诚	直接、坦诚和恰当的沟通交流方式	掩饰较多，经常表现得不像真实的自己
可能不受喜爱或不受尊重	通常受人尊重	通常受人喜爱，但不受尊重
压制他人	夸赞他人	即便甘当绿叶也要夸赞他人
在冲突时会强迫他人听从自己	喜欢用实例引导他人的观点	避免冲突，选择顺从
强烈的对外控制欲，而非对自己	开放、敏感、礼貌	内向、保守、间接

续表

攻击型人格	自主型人格	被动型人格
过分直接，把自己的思想强加于他人	直接但体恤他人	避免表达自己
我命令……	我请求……	我希望……

帮助他人建立自信和自尊

作为父母，我们能培养孩子的自信心和自尊心；作为经理人，我们能培养员工的自信心和自尊心；作为教师或教练，我们能培养班级或团队的自信心和自尊心。我们应该教他们相信自己，给他们表达自己的机会。

哈维·麦凯是麦凯信封公司的创始人和首席执行官，他著有多本关于自我提升的书籍。在“个人卓越”[1]的一次采访中，麦凯说了这么一席话：

“最后非常重要的一点就是要让每个人都感觉到自己存在的意义。在糟糕的环境下，每个人都觉得自己是牺牲品；而在氛围良好的环境下，人们觉得自己有着与他人平等的价值——也许拥有的权力不一样，但拥有的价值是平等的。正如一个流水线上的工人可能没办法像高级主管一样强制要求他人执行自己的想法，但是他的想法同样能被平等地倾听，同理，最年幼的孩子

[1] Personal Excellence,http://personalexcellence.co/。——译者注

在餐桌上也有平等的发言时间。

“这些内容发出了一个强有力的信号：你是特别的，我们都很在乎你。为了你的孩子或员工的健康成长，为了整个家庭或公司的繁荣兴旺，每个人都需要在乎别人。”

本章要点

◎绝不狭隘地看轻自己，绝不认为自己懦弱、无能或差劲，相反，要坚信自己是一个完整且完美的个体。

◎绝不把自己想成一个挣扎着熬日子的失败者。

◎坚信世界上总有我们的容身之处，而我们正在抵达那里的路上。

◎期待自身的伟大，绝不认为自己这辈子注定将在琐事中庸庸碌碌。如果我们不断操练，并坚持保持积极的心态，这种态度终会在某天为我们开辟出一角新的光景，而这正是我们渴望的样子。

◎没有什么会无缘无故地落到我们头上，这个“缘故”就在于心态。思想就是力量，通过这种力量，我们可以创造条件，塑造自己。这一个个小的施力点会不断地打磨、铸造我们的品性，最终改变我们的生活。所以我们不能没有思想，我们必须使思想和我们的意志一样坚韧有力。

◎自尊是容易消失殆尽的，所以必须不断滋润、强化它。语言、行动、态度、经历以及我们自己信守的承诺都可以滋润、强化自尊。

◎不断用积极的语言取代负面的语言。不说垂头丧气的话，只说积极正面的话；不谈失败，只谈成功；不说满心忧虑的话，只说激励向上的话；不说冷漠无情的话，只说满腔热忱的话；不说互相仇恨的话，只说相亲相爱的话。

决定我们是谁的不是别人，而是我们自己。

02

满怀激情

——燃烧并释放

> 激情是一个人个性的源泉所在。没有激情，无论你拥有什么样的潜能，都无法发掘出来。我们甚至可以说，每个人发挥出的能力远远不及其蕴含的潜在能力。你可能有学富五车、敏锐判断或精密推理的潜力，但是除非你自己用心思考并行动，否则没有人能发现它们，包括你自己。
>
> ——戴尔·卡耐基

如果要说哪一个成功的要素最重要，那就是激情，这是一种贯穿始终的内在激情。“Enthusiasm”（激情）一词源于“en”和“theos”两个词根，其中“en”代表“里面”，“theos”代表“上帝”，所以字面上的意思就是“怀有激情之人内心拥有上帝”，这是一种深藏于一个人内心的精神品质。

激情的态度是自我实现的根本所在，它能引导我们积极地思考和行动，它能创造正能量，使我们积极改善与他人的关系，使我们乐于接受新思想，甚至有助于我们保持健康。戴尔·卡耐基曾写道：“我们感到疲惫往往不是因为工作本身，而是因为焦虑、沮丧和愤恨。”

当我们拥有对生活的激情，我们就拥有了改变生活的力量，因此，我们应当关注当下，培养这样力量。对生活的激情能让我们不再悔恨过去，也不再焦虑未来。我们不能改变过去，但我们能通过积极向上的方法，利用当下的机会去影响未来的结果。

当我们的思想被对生活的激情所驱使时，我们就会发现，我们有无限的力量去发掘自己独特的潜能，无论是在生意场上、运动场上、家庭生活或社区活动上。到那时，自信和乐观自然而然就取代了愧疚、恐惧和忧虑。

戴尔·卡耐基曾写道："记住，快乐并不取决于你是谁或者你拥有什么，而仅仅取决于你怎么想。所以现在开始，每天早上想想那些你感激的东西。你的未来在很大程度上取决于你今天的思想。因此，多想想希望、自信、成功，以及爱。"

心理学家指出智商（IQ）测试有一个致命的弱点，那就是无法测量"感情驱动"——这是"激情"一词的心理学术语。智商测试的观点认为，在测试中得分较低的人通常只适合做一些技术含量较低的工作，而能得高分才是成功的保证。现在我们知道了这种观点是错误的，因为我们看到有些智商较低的人突然在一个新创意上找到灵感，或者在一个新行业里如鱼得水，因为他们内心的激情被激发了出来，从此踏上了成功之路。同时，我们也看到有些非常聪颖的人却没有取得什么成功。

当有人问到马克·吐温成功到诀窍时，他回答道："我生来就充满激情。"

耶鲁大学的威廉·莱昂·费尔普斯教授曾在他的著作《教学的激情》中写道："于我而言，教学不仅仅是一份职业、一门艺术，更是一种激情，就像画家热爱绘画，歌唱家热爱歌唱，诗人热爱作诗，而我热爱教学。每天早上起床前，我都会很高兴地想象今天我会见到的每一群学生。”

在生活中，取得成功的主要秘诀就是，保持对工作的兴趣，怀有长久的激情，把每一天都当做重要的一天。

激情引导行动

在个人、团体、运动队、公司和社区中培养激情是意义非凡的，最终会收获积极的行动，收获大家的快乐以及共同的成功。竞技比赛的例子就能说明这一点。诺曼·文森特·皮尔是戴尔·卡耐基的一位朋友兼同事，他讲述了文斯·隆巴迪的故事。

隆巴迪是有史以来最伟大的美式足球教练之一，当他执教绿湾包装工（一支美式足球球队）的时候，球队刚刚遭遇连败，士气低落。他站在球队面前，沉默地注视了他们许久，然后冷静但威严地说了这么一席话：“先生们，我们会赢得胜利，成为一支伟大的球队，一定会的！你们将学会擒抱、学会阻截、学会防守、学会进攻，你们将击败所有球队，一定可以的！但怎样才能实现这些？你们要对我有信心，要积极地加入到我的战术系统中来。成功的秘密在于这里想的是什么（他点了点太阳穴）。然后，我希望你们的脑子里，按照顺序，只想着这三点——你们的家，你们的信仰，还有为我们这支队伍。

让激情时刻伴随着你们，引导你们前进。”

听了这席话，垂头丧气的队员们纷纷坐直了腰。球队的四分卫在后来回忆时写道：“那天开完会走出来，我感觉自己高大了许多。”

依靠同样的队员，在上个赛季输掉十场比赛的包装工队在那一年赢得了七场比赛，第二年获得了联赛冠军，第三年就坐上了世界冠军的宝座。为什么会有如此大的进步？因为，除了勤奋、技巧和对体育的热爱之外，还有对于成功的热切期盼造就了他们成绩的巨大差异。

戴尔·卡耐基经常引用纽约中央铁路前任主席弗雷德里克·威廉姆森的这段话：

“活得越久，走过的路越多，我越感觉少有人认识到激情是成功的一大奥秘。败者和胜者之间，在实际技巧、操作能力和聪明才智方面的差距其实并没有多少。两个实力相当的人相比，胜利往往属于满怀激情的那个人，而不是那个能力更突出却没有激情的人。”

爱德华·维克多·阿普尔顿是诺贝尔物理学奖得主，被爱丁堡大学聘为名誉校长。《时代》杂志在电话采访时问他有没有什么成功的诀窍。“有。”他回答道，“激情，我觉得激情甚至比专业知识更重要。”

托马斯·爱迪生曾说过：“一个人死去的时候如果能把激情留给他的孩子，就是最无价的遗产了。”无数的事实和经验教训证明爱迪生说得对，因为激情不仅能促进财富的增长，还能改变人们对待生活的精神状态。

激情源自内心

激情不是肤浅的东西，一定要源于一个人的内心，无法伪装。伪装的激情必不能长久。要想持续地激发出激情，有一种方法就是先设立一个目标，然后为之奋斗，达到目标之后再设立下一个目标，继续奋斗。如此一来，人就会有“一定要完成目标”的兴奋感，这种挑战不仅能够帮助他不断前进，还能使他斗志昂扬。

有的人在感到忧郁的时候，会选择唱歌来抵挡悲伤，他们用这种感到快乐的行为来重塑快乐。同样的道理，如果在工作或生活的其他方面上，我们努力激发自己的活力和激情，我们就已经在满怀激情地工作和生活了。

> 怎么才能让自己心怀激情？告诉自己在工作中，你喜欢哪些部分，不喜欢哪些部分，然后迅速完成你不喜欢的部分，转移到你喜欢的部分，然后采取充满激情的行动，并告诉旁人你为什么感兴趣。
>
> ——戴尔·卡耐基

找到让我们为之激情燃烧的东西

不要把激情跟大吼大叫混淆在一起。戴尔·卡耐基把“激情”定义为一种热烈的、深沉的精神品质，是一种克制的激动。他是这么描述的:“当你热切地希望帮助他人时，你就会感到激动。你的眼睛、你的脸庞、你的灵魂、你整个人的气质都会散发出这种激情和激动，你的激情鼓舞着你，而你散发出的激情又鼓舞着别人。”

要为某些东西真正感到激动，我们的内心就必须怀有深切的激情。但是，我们经常被迫要去完成一些我们并不感兴趣的任务，怎样才能培养激情？那就是找到任务中我们稍微感兴趣些的部分，把注意力集中到这些部分上，就能逐渐培养出真正的激情。

卡萝尔从政法学校毕业之后的第一份工作是助理律师，她厌倦了在法律图书馆没完没了地研究法律案例，因为这项工作既沉闷又耗时，但又必须进行这些研究调查才能为公司接下的案子做好准备。那么从这么一项无聊但又必需的工作中，卡萝尔究竟能得到些什么？卡萝尔认为这是公司对她这位新晋律师的能力考查，所以她把注意力集中在发掘重要的案例细节上，因为这些内容有可能会对她今后的事业有所帮助。找到这个切入点之后，卡萝尔就逐渐喜欢上了收集案例细节，对整个工作也开始热心起来。

成为领域专家

在你的专业领域内，学得越多越好。学习能让你掌握更多知识，同时又能激发出你对已学知识的浓厚兴趣。

当安迪成功应聘镇长助理一职时，他预期自己将参与到解决镇上政治问题的工作中去，但没想到，镇长只是分配给他了一些日常的例行工作，比如检查各类表格是否填写正确，确保各类文件的流程正确，处理一些细枝末节的小事等。

过了几个月，安迪终于忍不住向镇长抱怨说："连一个高中辍学生也能完成你给我分配的这些工作，而我是一名大学毕业生。如果您愿意给我更高水平的工作，我可以为办公室贡献更多价值。"

镇长回应道："安迪，我聘用你是因为我知道你能在重要问题上给予我协助，但是了解这些我们日常做的基础性工作能为你打下坚实的基础，你今后承担责任更大的工作时才会得心应手。不要觉得这些任务只是乏味的文书性工作，而是要多思考它们代表的意义，思考为什么需要这么多详细的手续，以及这些工作和我们办公室的正常运转有什么联系。"

安迪采纳了镇长的建议，他不再只是单纯地检查表格文件等有没有错误，而是认真学习各种材料，提出问题请前辈解答，不断学习解决每件事情的流程和手续。在那之后，他开始期待每一天的工作和能学到的新知识，充满了激情。

> 相信自己，相信自己在做的事，坚定达成目标的决心，激情必将日夜相随。
>
> ——戴尔·卡耐基

另辟蹊径

阿尔弗雷德是南非一家起重机租赁公司的代表，他运用“激情”这个概念，顺利攻克下了行业内最难相处的客户，下面就是他的故事。

阿尔弗雷德称这位客户为“史密斯先生”。史密斯先生待人粗鲁无礼，而且心情总是很坏，脾气总是很大。阿尔弗雷德先是在电话里说服史密斯先生听听他的陈述，结果连续被拒绝了两次。他本来有些想放弃了，但最后决定不要这么轻易失去激情，他要再尝试最后一次。

透过等候室打开的大门，阿尔弗雷德能看见史密斯先生的办公室。他看见史密斯正在朝前一位推销员大吼大叫，几乎快把那名推销员推出办公室了，嘴里大吼道:“出去！下一个！”

阿尔弗雷德说当时情况是这样的：

我刚走进他的办公室，他就大叫起来，“又是你！我已经告诉你了不要！怎么还要来烦我？”可是不等他再说别的，我就微笑着，用平稳而且激情的语气说：“我想承包下你们所有的起重机租赁生意。”他站在桌子后面，足足沉默了十五秒，用一种古怪的眼神看着我，说：“你先坐下，等一会儿。”然后就离开了。

半小时之后，他回来了，看见我之后非常讶异，怒吼道：“你怎么还在这里？”我告诉他，关于我们的生意，我有一个绝妙的主意，如果不能向他解释清楚我绝不会离开。

结果，我拿下了这笔生意，签下了一年的合同，每月都有将近八万兰特的收入，并且还吸引来了更多的客户和生意。

自我对话

在前面的章节，我们讨论过如何通过自我对话来鼓舞士气并获得自信，同样，自我对话也能够激发出我们对工作的激情。

丽萨立志当一名医药秘书，为此，她修完了所有必修的课程，开始找工作。但由于缺乏相关工作经验，收到好几封拒信之后，她有些灰心了。在又一次面试的大楼前，她停下了脚步，对自己说：“有什么用？我不过就是在重复失败。”但丽萨并没有放弃，她在心里鼓励自己：“我想要这份工作，而且我有足够优秀的专业知识，在学校班级里我的成绩名列前茅，工作上我也会是一个勤奋好学的员工，我一定能做好这份工作，成为医生的得力助手。”在等待医生的会见时，她的脑海里一直重复这些话语。面试时，她对各种问题的回答彰显出了她对这份工作的激情。最后，她终于如愿以偿得到了这个工作机会。

几个月之后，医生坦诚地告诉丽萨，他在筛选申请表的时候看到她没有任何工作经验，当时决定只是出于礼貌面试她一下，然后拒绝她的工作申请。但丽萨对于这份工作的激情给他留下了深刻印象，他最终决定试用丽萨。丽萨把激情融入到工作中去，成为了一名非常出色的医药秘书。

> 激情不只是一种外在的表现和流露，它从内心由内而外地影响着你。激情是你对某些事情生来就有的真诚的喜爱。
>
> ——戴尔·卡耐基

激情能战胜逆境

巨大的激情能够在逆境中点燃胜利之火，安德鲁·格鲁夫就是这样一个例子。

他是匈牙利人，在“二战”期间曾遭到多次迫害。20岁的时候，格鲁夫坐上了飞往美国的飞机，口袋里只有几美元，也不怎么懂英语。尽管历经磨难，但他从未失去对生活的热忱，一直渴望学习新知识，渴望获得人生的成功。为了挣钱，任何能找到的工作他都做过。最后，他终于进入了纽约城市学院学习，并获得化学工程的理学学士学位，然后他又去加利福尼亚大学伯克利分校攻读了硕士学位和博士学位。

个人计算机是21世纪最非凡卓越的发明创造，在个人计算机的发展和普及上，安德鲁·格鲁夫起到了关键的作用。格鲁夫先供职于仙童半导体公司，然后和合伙人在1968年创办了英特尔公司，他们研发出的新技术实现了个人计算机的革命。在这场革命来临之前，整个世界在计算机技术和经济方面的成就仅仅只是一些皮毛。

对于困难和挫折，格鲁夫从来不会感到陌生，他一直保持着对工作的激情，并把精力和时间放在最重要也是他最擅长的事情上：研发出操作更快捷、价格更便宜、功能更强大的技术。

便捷的信息、即时的娱乐等服务，在几十年以前连极少数富人都只能梦想一下，而现在普通人以低廉的价格就唾手可得，这在很大程度上要归功于格鲁夫的天才和远见。1997年，安德鲁·格鲁夫当选《时代》杂志的年度人物。

几年前，格鲁夫得知自己患上了前列腺癌，他决定用创办英特尔的激情来对抗癌症。而如今，他已经赢得了这场与病魔的战斗。

格鲁夫用自身行动向我们说明了，成功并不受逆境、迫害或贫穷的限制，只要有这样的愿望，有激情去奋斗，一个人就能够把愿望变为现实，就能够

做成伟大的事业。而挫折，无论是工作上的挫折还是健康上的挫折，只要我们有克服它们的激情和决心，就一定可以克服。

戴尔·卡耐基十分喜欢美国19世纪的哲人塞缪尔·乌尔曼的一首诗，他将其裱在了一块匾里，挂在了他的书桌上：

我们因充满信心而变得年轻，
因心存疑虑而变得衰老；
因自信而年轻，
因恐惧而衰老；
因充满希望而年轻，
因满怀沮丧而衰老。
岁月可使肌肤长满皱纹，
但放弃激情可使心灵布满灰尘。

积极的自我暗示

如果一个男人被催眠了，相信自己不可能站起来，那他就无法站起来，哪怕他体型健硕，除非催眠得到了解除；一个柔弱的女人，在救人一命的千钧一发之际，也能激发出全身的潜力扛起一个比她重得多的人，迅速逃离火灾或洪灾现场。在这两种情况下，虽然都是肌肉活动的问题，但对结果起决定性作用的都不是身体能力，而是心理态度。

如果完成一件事主要依靠或者完全依靠心理行为和思想行为，那么就像其他获得成果的途径一样，思维能力有多强，决定了这件事完成得有多好。这个世界上的征服者，无论是在战场上、生意上还是道德上，他们都懂得如何激励自己去完成必须完成的事，他们就是用这样的态度和思想赢得战斗的。

将激情融入行动

拥有了自我信念之后，我们就根除了心中的恐惧、疑虑和迟疑，并且对工作充满了激情。如果还存有迟疑，大脑就不能活跃地思考，所以必须要十分确定以及肯定自己的信心、决心和目标，否则就毫无效率可言。

只有激情还远远不够，内心的沉思之后必须要有实际的行动。冥思苦想虽然能让我们想清楚需要做的事情以及完成的方法，但并不能替代我们实际要做出的努力。

激发激情的十条技巧

1. 设定一个明确的目标，可以是工作中、生活中你想更积极地对待的部分，清楚地写下这个目标和你的行动计划。

哈里被选为社区中心筹款组织的主席时，他就决心要把心血和热情都奉献给这个项目以及委员会的每位成员。他精心设计了自己的行动计划，并把计划张贴在委员会公告栏里公示，还向委员会的每位成员都发送了电子邮件告诉他们自己的行动计划。现在，每个人都了解了他的计划，都明白了自己可以为这份计划出力多少。但是更重要的一点是，哈里还打印了许多大张的计划书，贴在了浴室的镜子上、厨房的冰箱上、书桌旁的墙上等等，随时提醒他履行计划，让他保持完成计划的激情。

2. 怀着强烈的期望执行计划，不能放任激情流逝。时时刻刻谨记自己的目标和计划，而且心无旁骛地执行。

3. 切勿拖延。一旦计划形成，立即投入行动。

哈里立即召集了委员会各位成员，一起探讨了行动计划，明确地列出了各人的任务、时间表以及预期成果。

4. 建立后续的随访程序。完备的计划经常落得一纸空文，因为无人对计划的执行进度进行监督检查。而如果事情没有如计划一样如期实现，当初的激情就会渐渐湮灭。

哈里设立了检查工作的时间点，这样每位成员都能衡量自己的工作进行得如何。

5. 挫折和障碍是难免的，甚至是经常会遇到的。如果事情进行得不顺利，很多人就会沮丧，这种时候就需要激情给我们打一针“肾上腺素”，赐予我们继续战斗的能量和决心。你需要评判到底哪里出错了，斟酌一下是不是应该换个方向努力，但也许你只需要做一些小小的调整，并没有必要大费周章。但如果出现了严重的问题，一定要再三检查问题是怎么出现的。

可是，如果我们发现自己已经完全脱离了正确的轨道，就需要考虑重新制定计划了。这虽然不是一件愉快的事，但也不失为一个令人兴奋的好机会。

6. 我们不是在孤军奋战。就像运动队有拉拉队一样，我们也需要有一支拉拉队为我们鼓掌，在我们成功的时候为我们欢呼，在我们暂时落后的时候为我们加油。但我们的队员不像大学里的拉拉队队员，我们的队员不仅是积极的思考者，还要知识渊博、经验丰富，如此才能有助于我们的奋斗。

哈里就有这么一位良师益友，他给予了哈里很多事业上的指导，并且一直在事业低潮的时候鼓励哈里。在这位朋友的帮助下，哈里成功地召集了一批有类似经验的人们组成了筹款组织，并一起度过了筹款难关。

7. 小心悲观主义者。这个世界上有很多人总是否定、总是拒绝、总是说着失败。他们否认别人付出的努力，当别人遇到困难时，他们不但不施以援手，反而说：“你看，我就说过不行吧。”不要把这样的人加入到我们的团队中。如果我们被迫要和这样的人一起工作，我们就要想办法再拉入一些乐观主义者来抵消他们散发出的负能量。

8. 养成保持激情的习惯。习惯需要不断巩固和强化，不要放任任何一天的无所事事，每天都要为计划做出一些努力，每天都要朝着计划迈进一点点。

9. 无论目标看起来还有多么遥远，绝不放弃抵达目标的信念。如果激情减退，那就来一场内心的自我对话，重新树立起激情和信心。

10. 保持积极向上的乐观心态。激情是在希望、自信、无私、宽容等品质的基础上培养而来的，保持这样积极的心态，我们就会在职业道路上越走越宽，越走越稳。

美国伟大的哲学家拉尔夫·沃尔多·爱默生就十分认可激情的价值，他曾在一篇文章中说过："世界编年史上的每个伟大而威严的时刻，都是热情的胜利。"

本章要点

◎少有人认识到激情是成功的一大奥秘。

◎先设立一个目标，然后为之奋斗，达到目标之后再设立下一个目标，继续奋斗。这种“一定要完成目标”的兴奋感不仅能够帮助一个人不断前进，还能使他斗志昂扬。

◎在你的专业领域内学得越多越好。学习能让你掌握更多知识，同时又能激发出你对已学知识的浓厚兴趣。

◎最积极的人都是自己给自己加油打气，自己给自己燃烧的燃料。所以，最大的鼓励其实来于我们自己。如果我们相信自己，相信自己必将成功，我们体内就能分泌出永不枯竭的燃料来促进自己不断前进。

◎无论目标看起来还有多么遥远，绝不放弃抵达目标的信念。如果激情减退，那就来一场内心的自我对话，重新树立起激情和信心。

两个实力相当的人相比，胜利往往属于激情满怀的那个人。

03

坚定不移
——紧盯目标不放松

所有成功人士都是从确立目标开始的，确立目标并为之奋斗是通往成功的必经之路。如果确定了目的地和前行方式，便能集中时间、精力，控制好情绪，沿着正确的道路，朝着目标迈进。

船的目的地必须是某个港口，而且是一个对运送有需求的港口，船将为此经历雨打风吹，坚定地前行。如果一艘船的方向舵已毁，但它仍可全速前进，那么它只有四处游荡，永远到不了任何目的地。偶然中，它也许能到达某个港口，即便如此，它运送的货物也是不适合当地气候或其他条件的。

所以，要想在生命的海洋上取得成功，便不能漫无目的地随波逐流。要在风平浪静的时候坚定前行，即便暴风骤雨，即便笼罩在失望和困境的迷雾之中，也同样要坚定不移地全速前进。

从梦想出发

梦想——对未来的想象，便是我们启航的源动力。事业名利双收，生活幸福美满，这是许多人的梦想。但在大多数情况下，对大多数人来说，这个梦想难以实现，始终只是一个梦想而已。

成功人士也曾怀揣那样的梦想，不同的是，他们把梦想转换为了具体的目标，并将其付诸实践。他们的梦想并非是对成功模棱两可的渴望，而是可以为之努力的具体目标。爱迪生梦想创造一个在夜晚仍然灯火通明的世界；

比尔·盖茨梦想着一个人人都能享受的计算机系统，而不只是拥有一家大公司；贝多芬梦想着鼓舞人心的音乐，等等。伟大的演员、艺术家、音乐家和作家梦想的不仅仅是名和利，还有开发自身才能取得成功的方式。

梦想并非天才的专利

所有成功人士都认为，成功始于一个希望，一个梦想。所有受访者也表示，成就始于梦想，梦想生出目标，目标则会带来行动计划，最终梦想得以实现，人人皆是如此。

梦想不是年轻人的专利

新的梦想生出新的目标，新的目标带来新的成就，所以确立梦想永远不会太晚。世上有相当多的人是大器晚成。本杰明·富兰克林 55 岁之后才开始研究科学和哲学；约翰·弥尔顿双目失明，着手创作史诗级著作《失乐园》时已年过半百。

梦想不会被时代偏见左右

多少年来，女性受到极大的限制，她们只能做“女人的活儿”，只有非常坚决和勇敢之人才会考虑其他职业。伊莱恩·佩格斯便是一例。佩格斯是普林斯顿大学教授，是早期基督教和诺斯替教相关书籍的畅销作家。据她所言，当时社会教育女生根本不用考虑正式工作。而佩格斯勇于遵从内心，做自己想做的事。后来她发现竟能从中谋生，于是她的梦想便成为了更具体、更清晰的目标。

> 你从事的职业是你最喜欢的吗？如果不是，行动起来，改变现状。你若不喜欢自己的工作，就永远不会获得真正意义上的成功。许多人都是试过多种工作才发现自己最喜欢的事业。
>
> ——戴尔·卡耐基

如今，大部分行业都不再设有性别标准，比如在美国大多数的法学、医学和其他专业院校，女生人数基本上超过了总人数的一半。

弗雷德里克·道格拉斯生于 19 世纪，正是奴隶制盛行的年代，但种族的桎梏和奴役的枷锁并不能阻止他对知识的渴望，也无碍于他成为一代伟大领袖。21 世纪，巴拉克·奥巴马破除种族障碍，成为了美国总统。

包括智力，都没有决心重要。在生命这场赛跑中，优柔寡断的人只能在一旁观望，而拥有钢铁般意志的人则会所向披靡，坚韧的毅力和勇气终将推动他们走向成功。对辛勤付出且坚持不懈的人而言，梦想会成为目标，而目标终会变为成就。

舒适和安逸是生命意义的一部分，能让我们免受单调沉闷之苦，让生命不止冰冷和丑陋。而这一切，都应归功于我们成功的梦想家们，是他们，让全人类生活得更美好。

让梦想成为目标

可惜的是，太多梦想家终究只是空想家，梦想也只是空想。我们若能将梦想转换为目标，梦想就不再虚幻，而是变成指引我们走向成功的地图。要实现梦想，必须有切实的目标，以及为梦想成真而不懈奋斗的决心。蕾切尔·罗伊便是这样一个怀揣梦想并将其实现的“追梦人”。

孩提时代观看的一部电影激发了蕾切尔对时尚的热爱。荧幕上女演员们的穿衣打扮散发着自信与成功的气息，精致的妆容透出自信与自尊，蕾切尔梦想着自己和女同胞们也能具备这种气质。

有一次，蕾切尔和家人去买上学用的东西。看到一家本地商店的服装样式有限，蕾切尔由此暗下决心，若有机会，自己一定要创造出更好、更新潮的款式。妈妈告诉她这是采购商操心的事，于是她的梦想便有了一个具体的名字——蕾切尔说，在那一刻，她的梦想成为了具体的目标——时尚界的采购商。

蕾切尔的第一份工作是仓库管理员，此后她迅速升职为经理助理、购物顾问，再到各色商店的设计师。她对设计工作迅速上手，不久便出任了公司的高级职位。

当她的丈夫达蒙·达什想要开创独立的服装产业时，蕾切尔决定放弃现有的成功事业，和达蒙一起打拼。她选择从零开始，专心工作，竭尽全力，尽可能了解公司的方方面面，让自己无可取代。大约六年后，蕾切尔自信可以独立经营，于是创建了自己的公司。她的设计得到整个行业的认可，如今她已是时尚界风头最盛的设计师之一。

空想派和行动派之间有很大距离。蕾切尔便是远不止于空想的人，她化梦想为实际目标，并努力拼搏将其实现。

开启人生的绝佳资本，就是对美好未来的期待，对富裕美满的向往，对美满家庭、飞黄腾达和功成名就的憧憬。

即便目标的实现看似希望不大甚至不可能，也要坚持把它明确地表达出来。不管你的目标是身体康健、品格高尚或是事业出色，只要你心里挂念着，就尽可能生动地将其形象化，这样实现的几率便会大一些。心愿只有转化为决心才有意义。有足够坚定的决心，才能生出强大的创造力将心愿实现。要实现梦想，渴望、激情和努力缺一不可。

若想在某个领域提高自己，必须尽可能生动、尽可能持久地将这个心愿在脑海中不断重现，同时树立更高的目标。当成功在望或梦想业已实现时，也不要忘记这一点。人生来就是要胜利、要征服并过上幸福生活的。不管是工作，还是人际交往，或任何其他领域，我们都应是成功者。

坚持乐观的信念

成功始于内心。如果心存疑虑或排斥，成功就不可能实现。对工作而言，心手不一是十分危险的，因为一切始于内心，心态起着主导作用。

没有改善贫困的期望，或期望不强烈，就难以发达兴旺。你能得到的只能是你所期望的，毫无期望便也毫无收获。

若步步都想着失败，又怎能期盼达成目标？即便身处困境，也不要抑郁低沉，甚至绝望，因为正是这些负面情绪扼杀了成功。

思想与磁铁相反，是同类相吸。若你的思维专注于贫穷和失败，它便会带来贫穷和失败。人的思维不可能结出跟它相反的果实，因为心态是构建生命基本模式的基础。心态是成功的第一关键。

对失败、浪费和耻辱的恐惧，让很多人与日思夜想的东西失之交臂，因为焦虑、烦恼会亏损人的精力，削弱人的能力，而这些都是成功的必需元素。

用进步的视角看待事物，专注于事情的光明面、积极面，而非阴暗面或消极面；始终相信云会开，月会明，邪不胜正，真理终将战胜谬误，纷争、疾病只是暂时，和谐、健康才是永恒。这些就是乐观主义者的态度，正是这些态度改变了世界。

为成功搭建舞台

我们不能依靠别人带领自己走向成功，全部都得靠自己。

在确立目标之前，必须先对自己做一番客观评估。我们必须深入自省，弄清楚自己对生命有何期望，以及自己需具备哪些条件才能达成这一目标。

但我们也要正视现实。我们可能想达到一个非常诱人的目标，但确实缺乏相关的能力或资质，例如，我们想成为电影明星或者歌剧演唱家，但并没有这种天赋。我们梦想的职业也许并不可行，但同时，我们在其他方面拥有自己都还未曾发觉的天赋和技能，它们也能让我们成就一番成功的事业。

那我们怎样才能挖掘出自己的这些天赋？这需要我们深刻地剖析自己的内心，如此才能找到答案。许多成年人已经非常了解自己了，知道自己能做什么、不能做什么，知道自己喜欢什么、不喜欢什么。这种情感倾向也许并不明显，但通过自省，我们能跳出迷局，能更深刻地思考自己的这些问题。

风靡美国的电视剧《实习生格蕾》和《私人诊所》的编剧兼监制人桑达·莱姆就是一个值得我们学习的榜样。从孩提时期起，莱姆就明确了自己要成为一名创作型编剧的志向。当时她还不会写字，于是就自己编故事，然后用录音机录下来。她的妈妈非常鼓励她，把她的故事听写下来进行修改，让故事读起来更真实、更流畅。

我们应该仔细回顾自己所受的教育、以前的经历还有自己的兴趣爱好，了解自己在生活的哪些方面收获了成功、快乐和满足感，这三个要素向我们暗示了我们今后可能会在哪些方面取得成功。但这也仅仅是个开始，我们的眼光应该放得更长远，不要只看我们做到了什么，更重要的是要看我们还能做到什么。

成功人士在事业起步时，就清楚自己能利用哪些资源储备，所以我们要明确地列出自己潜在的优势和资源。还是那句话，不要只满足于我们曾经做到了什么，而是要知道自己还能做到什么。大多数年轻人在职业生涯刚刚开始的时候并不太了解自己的心智能力，但随着时间和经历的增长，他们会在工作中逐渐了解和发现自己。

很多人只发掘了自己能力的一小部分，甘于拿着微薄的薪水，混迹于公司底层，成为众多普通职员中不起眼的一个。其实他们手里有很好的资源，如果他们能发掘这些资源并加以利用，就能晋升到很好的职位上。但由于某些原因，他们从来没有去碰触那些宝贵的资源，也没有投身于令人振奋的事业中去，因此没有激发出体内潜在的巨大能量。

目标专一

成功人士坚信，一个人必须全身心地为自己的目标努力和付出。如果一个决定是为了一个坚定的目标，背后就有了破釜沉舟的决心和勇气，那么无论要花多少时间，无论要做出什么牺牲或付出什么代价，他们都会切断一切退路，清除一切障碍，直捣黄龙，勇往直前。

为了成功，我们要把一切感官意识都集中在一个坚定的目标上，要有战个“你死我活”的决心，绝不接受任何暧昧的妥协。

无论是在哪个方面，我们都要设立合理的、现实的、可达成的目标，因为它们是成功的种子，是我们迈向成功的第一步。

合理设立目标

彼得一直想成为一名工程师。孩提时期，他最大的兴趣就是摆弄机械小玩意儿。读书之后,他的数学成绩和科学成绩都很优异。他的职业目标一直很坚定，大学选专业的时候也毅然选择了机械，并且如愿成为了一个机械工程师。

但我们大多数人并没有彼得这么幸运。还是孩子的时候，我们对事业的概念极其模糊，大多数只是偶然进入到了现在从事的行业。尽管如此，无论是在职业上还是在生活上，设立目标永远也不晚。

埃尔维拉在大学毕业后干过好几份工作，都不尽如人意。她在大学时主修市场营销，她的第一份工作就做了市场营销，但工作内容极其无聊。她又转行干起了销售，结果做得既不开心也不成功。接着她又找了一份在法律事务所当律师助理的工作，这份工作真正激发了她的积极性，并引发了她对成为一名律师的兴趣。

她给自己定下了一个长期目标——成为一名刑事律师。首先她申请公司内部调岗，申请做资深刑事律师的助手；然后她晚上去上法律夜校，并在短时间内取得了法律专业的学位。现在她又给自己定下了一个新的目标——开一家自己的律师事务所。为了累积经验，她选择先去地方检察官办公室工作，一步一个脚印，稳步前进。

> 如果你在非常渴望的行业里努力了很多，却仍然没有什么建树，请你接受失败，但不要放弃，试试其他行业。也许不止一条弦能拉动你的弓，但你得先找到那条弦。
>
> ——戴尔·卡耐基

关于设立目标的几条指导

要让目标不只是一场“白日梦”，至少要做到以下几点。

目标须明确

清楚地定义自己要达成的目标，用词准确、具体，语气坚定。例如，“我的目标是成为公司里最好的销售员”听起来是不错的，但最好是更具体一些：“我的目标是在下个财政年中达到 × 美元的销售额，并且在接下来的三年里每年增长十个百分点。”有了明确的目标之后，我们就会在潜意识里努力达到这些数字。

目标需合理

如果设立的目标根本不可能达成，那么这目标就是毫无意义的。把长期目标分解成一个个可达成的阶段性目标，就保障了目标的合理性。比如，长期目标是，三年内在一个声望极高的画廊里举办自己的个人画展，那么中期目标就是，明年 12 月前完成 × 幅帆布油画，在一家本地画廊举办个人画展，并接受一家艺术杂志的采访。

目标要有鼓舞人心的力量

如果我们设立的目标过于容易，就无法调动我们做更多努力的积极性。我们设立的目标应该能激励我们不断前进，使我们更勤奋、更刻苦。成功人士都明白，一个目标一旦达成，就必须立即设立一个新目标，使他们能继续竭尽全力地努力，继续追求成长和进步。

目标应以行动为基础

如果没有切实的行动，目标不过是白日梦一场。行动要有活力——脑子要转起来，身体要动起来，心思要活跃起来。要时时刻刻挂念着我们的目标，思考应该采取什么行动。

> 激情、务实和坚持，是成功者最常见的品质。
>
> ——戴尔·卡耐基

目标要有评价标准

有时候目标是不能量化的，但有的目标可以用财务数据或者其他数量词评估。例如，我们可以给月 / 季 / 年度销售业绩定下具体的目标数据，以产品数量或总价值为标准都可以；同理，也可以定下生产目标。即便是不可量化的无形目标，也能找到相应的评估办法。比如可以把一个大目标分阶段完成，制定出进度表，写明每阶段的完成时间，这样就能衡量出我们距离每个阶段目标是远还是近，并且便于及时调整自己做事的进度，以保证这些阶段目标按时完成。

目标须明确地以书面方式呈现

有时候，目标会在繁忙的日常生活中渐渐被遗忘或消磨掉，所以把目标写下来是非常有必要的。列一个长期目标的单子，然后把长期目标分解为一个个中期目标和短期目标。用大号字体写下这些目标，并张贴在你每天都能看见的地方——书桌上，冰箱上，镜子上，每天看看它们，把它们记在脑海里，每天问自己一次："为了这些目标，我现在要做什么？"

目标须灵活、有弹性

有时候，计划不如变化快。当外部情况和条件产生变化时，我们之前设立的一些目标也就失去了意义。例如，经济形势可能不再有利于创办新公司，技术创新可能使得原先的目标不必要了，或者我们在调研的时候忽视了一个关键环节，现在才发现目标不可行，等等。但这些不代表我们必须放弃目标，我们只是需要新的思考或者更多的研究。如果面临这样的情况，可以先停下来，回顾一下事情的来龙去脉，然后做出相应的调整。

没能达成预期的目标是常有的事，不要因此感到沮丧或者轻言放弃。回顾一下曾走过的路，重新审视一下当前的环境，做出及时、果断、合理的改变。

休原本以为自己当了两年经理助理之后能被提升为分店经理，但并没有。沮丧之余，休并没有辞掉这份工作，而是重新审视了他面临的情况。他所在的公司在过去六年里平均每年开设六至十家分店，而他之前的目标是设立在公司每年还会继续开设分店的前提上的。结果，去年的生意不太好做，所以公司只开设了两家新店。但是今年情况有所回升，休知道公司正在考虑继续开设新店。通过调整目标，休把完成目标的进度表延长到了下一年，而且这一次，他很有可能成功。

不断设立更高要求的目标

我们一旦达成了目标，就要马上设立下一个目标，这样才能使自己再接再厉，不断成长。

本开始执行健身计划的时候，给自己定下的目标是半小时游二十个来回，他觉得这样就能保持好体型了。没过多久，他就达到了这个目标。他已经快六十岁了，他觉得这个年纪的大多数人一般会满足于这个速度。但后来他得知，自己使用的是小型的游泳池，要游三十六个来回才够一公里。于是，他马上把半个小时三十六个来回定为了新目标。

把我们的目标告诉他人

大多数减重计划都建议参与者告诉家人自己计划减去多少斤体重，并要求他们监督自己的减肥进度。为什么？因为当我们将目标告诉他人后，他们就能帮助我们、支持我们。当我们打算放弃的时候，他们会鼓励我们继续坚持下去。

凯伦结婚后就放弃了大学的学业，所以在丈夫完成学业前，她都在工作挣钱养家。之后，她曾计划重回校园，拿到她的文凭，但孩子的出生又使她改变了计划。现在十年过去了，凯伦终于有机会继续自己的学业，但操持家庭、每天工作八小时同时晚上还要去学校上课，凯伦过得很辛苦，有时候她甚至会怀疑这样拼命到底值不值得。但因为她的丈夫、孩子和朋友们都知道学业这个目标对她来说有多重要，所以都不断给她加油打气，鼓励她继续前进，这给了她很大的动力。

周期性地回顾进程，衡量进度

并不是所有的目标都是可量化的，因此只有部分目标可以被评估。但如果可以，请尽量设定具体的标准和进度表。如果是不可量化的目标，请尽量找到一种方法帮助你衡量自己离目标还有多远。

李为今年定下销售目标的时候，期望自己能把年度销售额增长八个百分点，这就代表着他至少需要发展四名新客户，或者在现有客户手中拿到更多的订单。李把这个年度目标分解成月度目标，这样他就能清楚地衡量自己的销售成绩了，如果当月销售未能达到月度目标，他就能及时采取补救措施。

凯西是公司的人力资源总监，由于工作的性质，她几乎不能定下可量化的目标。在接下来的一年里，她的工作目标有：建立一套新的文员培训方案，研究一种新型福利待遇的管理问题并向公司高层汇报，设计一套行政人员和专业人员的绩效评估体系。

凯西把这些整体目标分解成一个个小目标，并且为每个小目标都设定了完成期限，这样她就能随时衡量目标完成了多少，并且及时调整自己的工作进度，确保在当年年底能够按时完成所有任务。

> 我们都拥有自己不曾意识到的力量，能做到自己不曾敢梦想的事情。
>
> ——戴尔·卡耐基

规划的步骤

系统性地规划某个特定事项，具体包括以下几个步骤。

第一步："应该如何"

这是该事项的范围边界。规划之初，心里必须要有个整体框架，知道我们最终想要什么结果，谁将最终获益、以什么样的方式获益，等等，这些问题应该得到清晰、明确的说明，并且通过高级管理层、团队以及我们自己的一致认可。如果我们未能确定明确的范围，那么规划也就无从谈起。

第二步：审视现状

审视我们现在的处境：我们今天走到哪一步了？哪些因素有益于我们，哪些因素又会阻碍我们？

第三步：设定目标

做好以上准备，我们就可以定下客观的目标了。这一步是最重要的，因为如果没有目标，我们就会随波逐流。目标可分短期目标、中期目标和长期目标，只要达到一个个短期目标，最终就能达到中期目标和长期目标。

现在让我们来看看一个好目标须具备哪些因素：

◎ S（Specific）= 计划的步骤、可利用的资源需详细、具体地列出。

◎ M（Measurable）= 目标数据需可衡量。

◎ A（Attainable）= 目标难度合适，需在可实现的范畴内。

◎ R（Relevant）= 需和我的梦想相关。

◎ T（Time）= 需有具体时间的截止日期。

第四步：列出步骤

为了完成目标，必须明确各具体事项的重要性。做事要有轻重缓急，所以要列出具体的行动步骤，包括：

◎ 对这项工作的要求。

◎ 责任人（谁将做这份工作）。

◎ 执行方式（将运用什么方法）。

◎ 各个部分之间的关系，以及它们在整体中的作用。

◎ 工作成果呈现方式（报告、幻灯片等）。

第五步：成本预算

规划的作用之一就是决定每步行动的预算和成本，包括人力、设备、材料等各个目标要求的成本。

第六步：明确时间表

必须定下明确的截止日期，并告知你的团队、相关部门人员、上级等计划相关人员，这样大家就对目标有了清醒的认识，便于齐心协力达成短期目标、中期目标以及最后的长期目标。要制定一份切实可行的时间表，可以利用反向推导的方法，确定每个阶段目标应该在什么时候完成。最后要以文字的方式确定下整个时间表并公示，以免引起误解。

第七步：实施与修正

有一步在规划实施中非常重要，但经常被忽视，就是要确定每个参与人员都清楚地理解了自己在整个计划中的作用。大家必须要对一致认可的目标成果有充分的决心。随时监控整个计划的实施，必要的时候可进行一些修正，或者适当调整最终的目标。

第八步：跟进与评估

规划实施过程中很重要的一步，就是精确地记录实施进度，分析出现偏差的原因，及时采取补救措施化解突发情况，以及高度重视对目标达成起到关键作用的各个因素。

有了周密、详细的目标标准，我们就能专注于真正的目标，准确衡量我们的工作进度，确保工作中或生活中最重要的任务得以按时完成。

本章要点

◎据成功人士的回忆，他们的成功都始于一个希望、一个梦想。希望和梦想让他们有了目标，有了行动计划，并促使他们最终达成了目标。

◎在决定什么目标能够鼓舞我们迈出万里长征第一步之前，我们必须先客观评价一下自己。我们必须审视自己的内心，明确在生活中我们究竟想得到什么，清楚自己拥有什么可以帮助我们达成目标的财富和资源。

◎迈向成功的第一步是设定可实现的合理目标。

◎设定目标时可参考以下指导建议：

· 目标须明确。

· 目标须合理。

· 目标要有鼓舞人心的力量。

· 目标应以行动为基础。

· 目标需要有评价标准。

· 目标须明确地以书面方式呈现。

· 目标须灵活、有弹性。

· 不断设立更高要求的目标。

· 把你的目标告诉他人，尤其是那些能助你一臂之力的人。

· 周期性地回顾进程，衡量进度。

04

个人形象
——他人眼中的我们

古语曰“人不可貌相”，固然言之有理，但不幸的是，大部分人还是通过“貌”来评判他人。所谓的“貌”，也就是他人的外貌长相、衣着打扮和言谈举止。事实上，有的人在首次见面的三十秒内就已对别人下了定论。

以貌取人难以避免，首次接触留下的负面或不良印象可能会贯穿与此人以后多年的关系。给别人留下良好的印象虽然费时费力，但绝对值得。

创造成功的形象

与成功人士见面时，他们“讨人喜欢”的性格往往令我们印象深刻。他们投射的这种形象能激发出我们对他们的信心和崇拜，并喜欢与他们相处。而偶尔碰到厌恶之人时，我们便对他们投射的形象心生排斥。

形象，有时候亦称性格，就是我们向外部世界表达自己的方式。人类不仅是喜欢到处露面的社交动物，而且还喜欢给别人留下良好的印象。良好的教养是营造良好形象的关键因素。此外，智谋的重要性也不可小觑——不仅知道该做什么，还得有能力在恰当的时候做恰当的事。对努力营造良好形象的人而言，敏锐的判断及常识都不可或缺。

最有意义的投资之一便是培养优雅的举止、热情的性格及慷慨大方的风度，这便是讨人喜欢的诀窍所在。这比钱财更受欢迎，因为大家都喜欢充满阳光的人。

培养成功的性格特点

在权利和机会面前人人平等。但不容否认的是，智力、体能、精力却各不相同。无论身处何位，人都可以通过自我教育及自我提升出人头地。求知心切、胸怀抱负的人自当高歌猛进。我们可以选择并努力培养自己心中的理想人格，因为天道酬勤。

不容忽视的是，讨人喜欢的形象是可后天培养的。虽然部分条件，如外貌、基本智力及部分天赋等，是与生俱来的，但人人都能充分开发先天特点，以塑造出讨人喜欢的自我形象。

要成为理想的自己确实不易，第一步就是具备培养外向、活泼、乐观、积极性格的强烈愿望，并愿意为之努力。这种性格能让我们获得他人更多的认可。

保持开朗的性格

人的一生难免遇到不幸，若不具备承受怨恨及欺骗之苦的心态，若不能积极面对每一天，那么所做的努力也不过是徒劳。

人的心中若藏有仇恨或嫉妒，尽管自己可能毫无意识，但这足可以阻碍他成为最好的自己，并毁掉他的幸福和快乐。不仅如此，这些负面情绪还会带来毁灭性的影响，引来他人的偏见，惹来他人的敌意，对其一生都是沉重的负担。

人必须摒除怨恨、嫉妒、憎恶及其他负面情绪，并摆脱任何束缚心灵的杂念，否则工作只会效率低下，内心也将失去应有的平和。

当我们对他人心怀怨恨或敌意时，就无法达到工作的最佳状态。只有在绝对和谐的情况下，个人能力才会发挥到极致。必须心存善念，否则心灵便不会宁静，生活工作都将难以顺心。憎恶、仇恨和嫉妒对珍贵的精神品质而言，就同砒霜之如人体寿命。

无论是怨恨或任何其他负面情绪，与人为善都是最佳防御，它使人内心平和镇定，让大事化小，小事化了，有助于维持良好的人际关系。

心怀憎恶、仇恨、嫉妒等负面情绪势必损坏自己声誉。许多人苦恼为何自己不受欢迎，为何地位如此有限，为何不能左右逢源，其真实原因是他们心中的怨恨、仇视及其他诸多负面情绪埋葬了自身的人格魅力。

换言之，若能做到亲和待人、解人之急、将心比心，抛却内心的怨恨、憎恶和嫉妒，我们便能营造出乐于助人、积极向上的个人形象。

有的人初陷困境便灰心丧气，有人在困境中却还能保持微笑，两者相比，陷于不利而仍能微笑的人更具有取得成功的必要条件。

要事为先

与人会面时，构成第一印象的首要因素便是长相，长相对于别人如何看待我们至关重要。一些留下正面或负面印象的因素难以控制，毕竟身体发肤受之父母，难以改变，但我们可以充分利用自身条件，将负面影响最小化，即便没有电影明星一般的美丽容颜，仍能营造良好的自我形象。

关键的十秒

与陌生人首次会面时，对方仅需十秒便能对我们有一个整体印象，其中包括对我们的看法及假设性想法。

此类想法远不止我们的着装价值几何或天然发色，还包括受教育程度、经济状况、事业状态，甚至是否诚实正直等主观因素。总之，几乎所有看法都是在前十秒内潜意识中就已形成。

对他人感兴趣

长相及性格只是营造并维护自身形象的第一步。正如戴尔·卡耐基所言，我们还必须要通过“真正对他人感兴趣”来提升自我形象。

> 与你这个人及你的问题相比，你的谈话对象更关注他本人、他的问题和需求。
>
> ——戴尔·卡耐基

若首次见面便展现出对他人诚挚的兴趣，不仅有助于迅速建立关系，对长期发展也颇有助益。我们必须尽力记住他人的姓名，以便在与对方交流时用上。

在商业交流中，要专心聆听他人正在讨论的问题或情况，提问也要切题中肯。在社交情境中，对他人评论及问题的回应要真诚。

维也纳著名心理学家阿尔弗雷德·阿德勒在《自卑与超越》一书中写道："在生活中，对朋友漠不关心的人问题最大，对别人造成的伤害也最大，人类一切的失败都源于此。"

西奥多·罗斯福之所以成为同时代最受欢迎的领袖，原因之一就是他对每个交谈对象都展现出诚挚的兴趣。不管对方出身多卑微，他都会询问对方家庭情况，倾听他们的想法。他会抽时间了解白宫的各位工作人员，在离职多年后重访白宫时，仍能叫上每个人的名字，甚至还能聊聊他们的兴趣爱好或他人的努力。做到如此，怎会有人不喜欢他？

若想与人结交，便要积极热情地问好。与人电话联系时，一声"您好"能让对方感受到自己的兴奋之情。对他人报以真挚的热情不仅有利于广交朋友，还有助于发展客户对公司的忠诚度。

丹尼尔·韦伯斯特是一名伟大的演说家及政治家，据说凡与之交往过的人，均十分信任他。当被问到如何如此快速地获取他人信任时，韦伯斯特说，他专心聆听对方的故事，而非专注于自己，这是他与其他政治家的不同之处。

学会将心比心，擅长此道之人会设身处地为他人着想，他们不仅用耳朵倾听，而且用心感受别人的语言。

电话里的第一印象

我们通常用电话与人进行初次交流，未来关系便是建立在这个电话传递出的第一印象之上。

詹妮弗最近比较郁闷，因为她上个月刚买的洗衣机坏了。

她致电卖方经理，打了六通电话后，终于有了回应："琼斯电器，请稍等。"

她等啊等啊等，正要挂掉重播时，接线员回话了："琼斯电器，乐意为您效劳。"

"我能和经理说话吗？"

"有什么事呢？"

"我上个月买的洗衣机坏了。"

"这种问题不用找经理，我帮您转接相关服务人员。"

漫长的等待之后，客服代表终于有了回应。他打断詹妮弗道："抱歉，我们也没办法。您得找生产厂家，保修书上有地址。"

不等詹妮弗回应，客服便挂了电话。

请问，詹妮弗还会再光顾这家店吗？

要给致电者留个好印象，接电话就得及时；如果迫于情况暂时不便接听，必须告知对方得等多久，并表示乐于回电给他；若对方在线等待，可让他人告知说我们抽不开身，以便对方自己决定继续等待或让我们回电话。

与人通话时，务必让对方把话说完；不要随意打断他人说话；若不能直接解决问题，可尽量提供有助于解决问题的信息。

工作场所的第一印象

加里扫视了一下潜在合作公司的办公室，确实一派繁忙：人来人往；办公桌上堆满了文件；电话铃声此起彼伏，但没人接听。给人的第一印象便是“混乱”。

加里开始质疑到底要不要与该公司合作。与公司代表碰面前，他心中便已有了否定的答案。

这家公司处理业务的能力或许很强，但对细节不够重视，而正是这些细节构成了访客的第一印象。若第一印象不佳，此后的一切几乎自动排斥。

不论访客是客户、投资人、应聘者或政府官员，第一印象会影响他们对我们的整体判断。

诚然，机械修理店不可能如医生办公室一般一尘不染，但至少不能比同类店面更脏更乱。

至少需要做到以下几点：定期检查设施确保干净整洁；储放好暂不使用的工具及设施；定时整理桌面上的文件；营造专业、高效的商业氛围。

信函的第一印象

参加一个时间管理研讨会时，沃伦得知，在电子邮件末尾写下简要回复，然后直接将信寄回可节约大量时间，于是他在工作中就这么做了。这样确实节省了不少时间，但公司形象却受到了损失。

在跟进一笔销售时，沃伦发现一位潜在客户以“问询回复不专业”为理由决定终止合作。

对公众而言，信函即代表公司形象，信头应能呈现最佳的公司形象。笔误及打印错误都可能被视作漫不经心或效率低下的表现。聪明的读者很快能发现措辞的贫乏及语法错误，所以在寄出信函或电子邮件时，一定要再三阅读其内容，确保零错误。

外在形象

他人首先观察到的便是我们的外在形象，所以外在形象既可以是“敲门砖”，也可以是“绊脚石”。销售人员深谙外在形象的重要性，因为如果没能通过所谓的“门卫”（接待员、秘书或筛选访客的员工）一关而错失良机，那就不值当了。在某种程度上，第一印象便是最有力的“门卫”，它通常决定了对方是否接纳你，无论物质上还是心理上。

有关外在形象的一系列信息都通过人们的视觉进行传播。最新的大脑研究发现，视觉冲击力能绕开普通传输系统，直接进入大脑情绪中心，并几乎在同一时刻形成反馈。

因此，衣冠整洁、面带微笑、举止得体是留下良好印象的第一步。

打扮方式若能传递有关我们本人及能力的积极信息，成功的几率便会大大提升。

当今社会，着装规则多种多样，因此必须事先了解何种着装适合自己所处的行业、地区和文化。

菲利斯去ABC广告公司面试的前一天就先到公司大厅观察了公司里女职员的着装。她发现，与之前工作的银行不同，广告公司大部分女职员穿连衣裙或套裙，而不是衬衫、短裙或宽松长裤，所以她决定穿同类服装参与面试。试想一下，如果在广告公司菲利斯穿了银行套装，可能会显得难以融入广告公司的环境；同理，她若到银行面试，休闲装也可能显得格格不入。

非语言交际

一些自然而然的行为有助于传递有关我们自身的正面信息，这些表面信息对第一印象具有重大影响。

阿尔伯特·梅拉比安是一名社会语言学家，他对人与人之间的面对面交流有着全面详尽的研究。他发现，人与人交流的信息中仅有百分之七通过语言实现，约百分之三十八通过声音、停顿、重音等实现，竟然有高达百分之五十五的信息是通过视觉信号，即“肢体语言”实现的，这实在让人惊讶。

年轻的约翰·肯尼迪和久经世故的理查德·尼克松之间的总统竞选辩论便是一个经典的例子。广播听众只能接收到声音传递出的信息，大多支持尼克松；但上百万的电视观众还能接收到非语言层面的信息，因此他们大多支持肯尼迪。尼克松不自然的面部表情、大汗淋漓的狼狈形象、暗示着紧张的手部动作都在观众心中留下了负面印象。

身体姿态

即便在远处，他人也能分辨出你的身体姿态是否得体，并立刻会有情绪回应。因为身体姿态是全身整体的状态，所以比其他非语言的细节更引人注目。

在研究项目中，姿态得体的参与者与姿态随意的参与者比起来，明显更受欢迎，显得更有抱负、更值得信赖、更友好。改正姿态在一开始可能略显尴尬和夸张。观察一下别人，你就会发现人们更容易被躯干笔挺、肩膀挺直、双腿协调的人所吸引。如果你也能学会他们的身体姿态，也能给他人留下良好的印象。

头部位置和面部表情

头部位置和面部表情在非语言交际中起着重要作用，“昂首挺胸”才能留下最好的第一印象。

微笑是所有面部表情中最具影响力的，能实实在在地让他人敞开心扉。我们若微笑，他人常常亦会报以微笑。这不仅仅是一种情绪回馈，还会带来油然而生的温暖和幸福。

发自内心的微笑会牵动整张脸的肌肉，是我们积极地思考时自然地流露，而虚伪的“假笑”造成的破坏则会比阴沉的“扑克脸”更大。

眼神交流

恰到好处的眼神交流代表着信心、诚实以及对他人的兴趣，缺乏眼神交流则是恐惧、欺骗、仇视或厌烦的象征。研究表明，面试中如果与考官保持恰当的眼神交流，应试者对问题的回答会更为全面、真实。在课堂上，学生对新知识的理解和记忆也与跟老师的眼神交流直接相关。

握手

在美洲和欧洲，握手是与人初识礼仪的重要部分。恰到好处的握手能让对方感受到你的自尊、活力和热情，虽是无意之举却至关重要。握手亦能让对方敞开心扉，营造良好的人际关系。

反馈

管理自身外在形象最难之处或许是客观看待自己。研究表明，我们或许比别人对自己更严苛；同理，我们也可能未能意识到急需改正的负面行为。

正确认识自己外在形象的方式包括：

◎仔细观看录像带中的自己，注意自己的姿态和声音。

◎照着镜子研究自己说话时的言行。

◎向信任的同事询问他们对自己的看法。

◎留心他人对我们的反应——尤其是你想要影响的人。

内在形象

如果想给别人留下好印象，却没有良好的自我意识和自信，就好比在本该用抗生素的时候只用创可贴，治标不治本。

敞开心扉是建立良好人际关系的关键。但对多数人而言，除非拥有高度的自我认同感，否则开诚布公仍是一件十分困难的事。只有先接纳自己，才能真正地接纳别人。

或许有人曾建议我们学会积极的心理暗示。但当我们在全然陌生的情况面前心里发怵时，心理暗示只是一种短期的有效策略。正如初学游泳时，深吸一口气，然后要立刻潜入水中努力前游。同理，调整好心态，立即竭尽全力行动，你的能力和活力会迅速令你脱颖而出。但是，除非自我认识足够坚定，否则不可能一直仅以暗示来支撑自己。所以又何必呢？还不如将时间和精力用于重塑坚定的价值观并提升自己。

树立信心的方法有很多。一个唤醒自信的重要方法便是回顾过去的成就。具体说来，你可以如本书第 1 章所述的建立一份成功档案。时时回顾必将有助于保持和增强自信。

保持积极的心态对塑造良好的职场形象非常重要，尤其对自我定位更加关键。

自我定位的影响由内而外，我们对自己的看法也会影响别人对我们的看法。平时注重树立积极、阳光、开朗的自我形象有助于获得别人的接纳，对自己的事业和社交也有积极的作用。

塑造引人瞩目的形象

一个受人尊敬的人通常都很守信誉，言必行，行必果，让别人相信他会信守承诺，能够着实推动事情的进展。

当我们养成了一种新的行为举止，并决定将其贯彻到底时，便与一生中最重要的听众——自己——建立了信任关系。我们证明了自己能够超越自己，克服负面情绪，采取实实在在的行动。

> 与其担心别人对自己品头论足，不如成就一些让人们敬仰的事业。
>
> ——戴尔·卡耐基

态度与行动密切相关，相互影响。世上无捷径，但每一次积极行动都有助于良好职场形象的塑造。

为记录自己的成功历程，我们可以先设想一个十分重要的职业目标，也许是一个我们一直都在推脱或不愿面对的目标，然后迈出第一步。不管多么微不足道，只管朝着这个目标迈进，并分析已做出的努力和已取得的成果。若对结果满意，继续下一步，如此往复，直到成为最理想的自己。

诚然，缺点需要的是纠正，而不是接受。我们对自己缺点的认识或许不尽全面，那就找出这些疏漏并纠正，这将有助于塑造更完美的自己。

本杰明·富兰克林在自传中写道，他曾做出多种努力试图改正许多消极行为，但多年无果，后来他改变攻克方法，一次专攻一种行为，不改正绝不罢休，最后终于把不好的行为习惯都纠正了。

本章要点

◎第一印象是最重要的一关，通常决定了别人在物质上或心理上是否接纳我们。

◎保持积极的心态对塑造良好的职场形象非常重要，尤其对自我定位更加关键。

◎最有意义的投资之一便是培养优雅的举止、热情的性格及慷慨大方的风度，这便是讨人喜欢的诀窍所在。这比钱财更受欢迎，因为大家都喜欢充满阳光的人。

◎要给致电者留个好印象，接电话就得及时。与人通话时，务必让对方把话说完；不要随意打断他人说话；若不能直接解决问题，可尽量提供有助于解决问题的信息。

◎以旁观者的角度审视公司的硬件设施，确保工作场所的形象足够专业和高效。

◎对公众而言，信函代表着公司形象，信头应能呈现最佳的公司形象。拼写及打印错误都可能被视作漫不经心或效率低下的表现。所以在寄出信函或电子邮件时，一定要再三阅读其内容，确保零错误。

◎尽量客观地看待自己，发现并改正自己的消极行为。

◎遵循戴尔·卡耐基原则，将有助于提高我们的外在形象：

1. 不要批评、指责或抱怨。
2. 真诚地赞美他人。
3. 激发他人的渴望。
4. 真诚地对他人感兴趣。
5. 微笑。
6. 记住，在所有语言里，最美妙的声音永远是自己的名字。
7. 做一个好的倾听者，鼓励他人讲他自己的事情。
8. 谈论对方感兴趣的话题。
9. 让对方感到他很重要，而且你要真心地这样做。

05

自我激励
——为自己呐喊

世界上最令人保持活力的习惯就是始终满怀希望，坚信一切都将有一个圆满结局，坚信我们最终会取得成功，而且无论发生什么我们都会幸福地生活。但可惜的是，我们总觉得自己会失败，总觉得机会不会垂青于自己，所以我们从一开始就放弃了自己成功的机会。换句话说，我们不是追求成功的心态，甚至是在等待失败。要追求成功，首先要具备成功者的心态，如果持失败者和怀疑论者的心态，那结果也会如实反映出我们的不自信和不坚定。这个时候，我们必须给自己加油打气，鼓舞自己，打消疑虑，继续向着成功迈进。

当我们开始怀疑自己时，当事情进行得不够顺利时，我们就得进行一场自我对话，我们必须对自己说——而且是大声地说——我们一定会成功。同样的话，大声说出来时产生的力量，是在心里默念时所无法比拟的。这些话语被我们的耳朵听到，能给大脑留下更深刻、长久的印象。例如，同样的内容，和阅读书本相比，聆听一场激情澎湃的演讲会使我们感受到更多的力量，我们在忘记书本上冰冷的印刷字之后，仍然能记得聆听过的那些话语，仿佛还在耳边回荡。所以，大声说出来会给自己的内心留下更深刻的印象。

> 保持每时每刻与自己对话，就能够引导自己去思考什么事需要鼓起勇气去做，什么事会让你觉得快乐，思考如何获得更强大的力量和内心的平静。不断提醒自己学会感恩，心才会一路引吭高歌。
>
> ——戴尔·卡耐基

对于此时此刻的我们而言，唯一能被了解的世界、唯一真实的世界就是——我们的意识在内心塑造的这个世界，它由我们的思想、信仰、理想和人生哲学构成，是我们赖以生存的世界。

在追求目标的同时，我们也要不断改善自己的言行举止——追随成功人士的步伐，学习成功人士的思维方式，保持积极性，是我们自己对自己的责任。

积极性的意义

让我们仔细看看“积极性”（motivation）这个词。

有一个与motivation（积极性）相关的词是motion（运动、运作），它也是以“mot-”三个字母开头。这个词拆开来看意思就是：积极性促使人动起来——让他振奋起来做点实事。

还有一个也是以这三个字母开头的词是motor（发动机）。汽车业伟大的领跑者兰塞姆·E.奥尔兹曾说，他喜欢把人比作车，每辆车的内部驱动力来自于发动机，而每个人的内心也有一部发动机——在我们的内心燃烧运转，让我们保持前进的步伐。

就像汽车发动机需要有燃料才能运作一样，我们也需要“燃料”的协助才能前进。不同的汽车需要的燃料不一样，有的需要汽油，有的需要电池，有的需要蒸汽；不同的人行动的动机也有所不同，有的人渴望金钱，有的人追逐名利，有的人是为了创作出伟大的艺术、不朽的杰作，有的人是为了完善一项发明，还有的人则希望获得幸福感和满足感。

那么，谁能推动我们？谁能提供“燃料”？可能是付我们加班费的老板，可能是颁给我们嘉奖的大学、基金会或政府机构，可能是我们创立或管理的公司，但是，最积极的人从来都是自己给自己加油打气，自己给自己添加“燃料”。所以，最大的鼓励其实是来自我们自己。如果我们相信自己，相信自己必将成功，我们就能创造出永不枯竭的“燃料”来促进自己不断前进。

我们必须把能量集中起来，持续不断地为自己加油打气。最重要的就是要端正态度，我们必须调动大脑和身体，甘心付出比成功所必需的更多的艰辛和努力；我们必须对自己和目标都抱有坚定的信念，如此才能有源源不断的动力。有了这些基础，面对障碍和失望的时候，我们才能战胜它们。

理想一定能实现

很多人之所以无法实现理想，就是因为他们没有将理想付诸实践的意识。记住，有了去做某件事的渴望仅仅只是播下了远大理想的种子，如果我们的努力止步于此，就像一个农民在地里播下了种子，却没有松土、没有施肥、没有修枝，任其自生自灭，最后能有什么样的收成也就可想而知了。

我们必须怀着一颗诚心，尽自己所能地做出最真诚的努力，如此才能支撑起我们的理想，才能让美好的愿望成为现实。

如果只是空有一场幻想，那么无论想了多么久、无论欲望多么强烈，都无助于我们实现梦想。我们不仅要播下理想的“种子”，还要滋润它、培育它、呵护它，否则我们只能收获一丛“杂草”。播下理想的“种子”却只收获“杂草”的人随处可见，因为他们在播种之后，再没有关爱过他们的“种子”。

持续地滋养“种子”，精心“养护”理想和志向，始终保持一颗渴望成功的心和一个不甘于平凡的灵魂，健康地生活，勤奋地工作，才是我们能把梦想转化成现实的唯一方式。

生活的框架是无形的，它依赖于我们心里的计划范围。当我们为自己的未来铺垫基础、实现自己一个又一个的期待时，就是在一次次地扩大生活的边界。事不立则废，我们无法做成计划外的事，所以凡事计划第一。构建未来的过程，就是慢慢实现我们今天理想中的一切细节的过程，所以未来即是现在的延伸。我们的思维习惯、我们惯有的心态决定了我们在生活中的位置，我们在给自己定位，决定着自己要成为什么样的人。生活的框架也许会不断扩大，越来越宽，也许会受到限制，越来越窄，这些都取决于我们的计划，取决于我们的视野。

对于当时当下的我们来说，唯一真实的世界、唯一被认知的世界，就是我们的内心塑造出这个自我的世界，它由我们的经验、创意、思维方式、原则、信仰等构成，是我们真正实际立足其中的世界。

成功的人也许并没有意识到内心世界的存在，但他们鼓励自己，让自己积极向上，这就在不断地给自己成功的暗示，所以他们免疫于一切负面思想和穷人心态。紧紧追随住成功者的思想，热切地对繁荣向往，时常想象自己未来的成功，热烈地期待它，以热情地工作去追求它——无论我们有没有意识到，这些行为都是成功的暗示。

专心致志

戴夫·托马斯成长在一个贫穷的家庭里，但他从未对自己失去信心。他创办了温蒂汉堡连锁店，并把它发展成了美国最成功的速食连锁店之一。

有人曾问他:“你觉得什么才是你取得成功最重要的因素？”当时他回答道:

“一门心思地扑到你的目标上，不要试图同时做成多件事情，那样只会分散你的注意力。

“动机是成功的关键，这一点毫无疑问。我们必须牢记最激励我们的是什么，必须向自己证明自己的动机是诚实的，是值得付出的。如果有很多东西同时激励着我们，我们反而会陷入各种矛盾造成的一团乱麻中。因此，我们必须集中精力，专心致志。

“想好自己下一步的动机是什么，继续拥抱梦想，但不要做白日梦。

“如果我们做事只是为了他人的赞扬，那最后可能只是以欺骗自己来做结尾。直接把目标放在成功上，我们就能知道如何实现成功，以及实现成功要付出什么代价。”

我们要谨慎对待赞扬，以免自满甚至狂妄。有的人被赞扬冲昏了头，过分重视了自己受到的褒奖，以为自己已经成功了，然后就不再追求进步了。

同样，对待批评也要理性。当我们遭到批评或是创意遭到否决时，我们总是太容易放弃。当然，我们并不总是对的，但如果我们相信自己走在正确的道路上，我们就必须一直努力朝着我们的目标前进，不轻言放弃。

他人有时候会表达出对我们或我们的梦想的看法和意见，但不要让他们的看法和意见影响到我们的自我激励。如果他们的看法和意见是负面的，不要让这些负面信息打击到自己；如果他们是在奉承我们，那么不要自鸣得意。

> 不要为鸡毛蒜皮的小事浪费时间，这些事情是生活的白蚁，绝不能让它们啃噬掉你的幸福。
>
> ——戴尔·卡耐基

在内心深处，我们一定要清楚地知道我们想走向何处，一定要对自己的能力有充分的信心，坚信自己一定会抵达那里。

倾听—质疑—评价

面对赞扬和批评，我们都应该有质疑精神。当然，我们必须听听老板对我们有什么评价，但同时同事和员工的评价对我们也是有帮助的。

另外，我们的配偶、我们的父母、业务往来最密切的客户或者供应商对我们的评价也同样很重要。

成功的人懂得在他人对自己的评价中找到最中肯的平衡点，因为人无完人，我们都只是普通人。老板拍拍我们的背，可能因为我们真的值得表扬，但也有可能是因为他准备分配给我们一项艰巨的任务。

成功的人不会愤世嫉俗，他们不会去想有没有人在背后捅自己刀子。我们不能像一个顽固不化的怀疑论者一样行走在世界上，嘴上不停地高叫着："给我看真相吧，夫人"。

不是每句赞扬都是虚伪的，也不是每句批评都是诬告，这就是为什么我们要清楚、明确自己何去何从，这样才能对自己前进的方向充满信心。

有数不清的衡量标准可以评价生活，我们必须接受这个事实。而在适当的时候选择适当的衡量标准，是我们能学会的最好的自我激励的方法。

在达到目标之前，请保持昂扬的斗志。

享受工作

我们将生命中很大一部分时间献给了工作。如果我们很享受工作，那我们就更容易肩负更多责任，并拥有更多的使命感和成就感。因此，我们应该尽全力使自己学会享受工作。当我们觉得有趣的时候只需记住一点：这是工作场合！有趣的部分应该用来化解无聊的部分带来的疲乏，而不是把两者分离开来。

英特尔的创始人兼 CEO 安德鲁·格鲁夫坚定地相信，自我激励的动力来源于我们成功之后的满足感，每一次胜利都能催生出更强的信心去追寻更大的胜利，每一次成功都能带来更多的成功。现在让我们听听格鲁夫关于自我激励的观点。

关于如何自我激励，保持高昂的斗志，他列出了六条忠告。

1. 庆祝成功

尽可能地给自己定一些短期目标来代替压力重重的长期目标，一一走过这些短期里程碑之后，就达到那个长期目标了。可以选择其中一次小成功的时候稍作庆祝。但是当然，我们庆祝的方式不能影响到他人的工作，只能是在团队之中，叫上上司或老板，互相增添点乐趣，但内部竞争不可松懈。

2. 轮岗

即使我们安心地为一家公司工作，也要努力争取偶尔的内部工作调动。即使是在最好的公司里，同一个职位的工作做久了也会变得枯燥无聊。如果我们永远只做一份工作，就难以创造出更多的热情和动力投入到工作中。而轮岗就是一种保持工作热情的绝佳办法，同时我们还可以不断扩大自己的知识面和视野。

3. 与同事合作愉快

我们的同事对我们很重要，因为工作上的事务基本都与他们相关。如果要把自身的工作做好，我们就必须依靠他们的协助，他们也需要我们的配合。

我们和谁工作，这个问题是决定我们能否工作愉快的一个关键因素，因为通常来说，我们是否喜欢一起工作的同事，决定了我们每天早上是不是想去上班。如果与同事的相处存在问题，就会极大地影响到我们的工作，进而影响到整个团队的工作。找出这些问题有助于我们提高工作效率，也有益于我们的心理健康。

4. 享受工作

喜欢工作的全部是不现实的，有时候没完没了的工作令人烦躁，有时候无事可做又枯燥无聊，但总体来说，我们必须享受工作。努力想想我们如何跳出固有的框架，如何热情地工作，必要的时候尝试给工作增添一些玩笑，这样能给紧张的工作氛围带来一丝轻松，也培养了同事之间团结友爱的气氛。

5. 全身心投入工作

要把注意力放在最后的结果和产出上，不要担心怎样得到它、是谁的创意或者我们是不是看起来很狼狈。如果他人尊重我们的工作，那么也请尊重他们的工作，因为没有人是无关紧要的，一个公司的正常运转需要很多人的共同努力。

6. 坦诚对待每个人

这一条忠告有些难以坚持，因为有时候总有一些不得不做出妥协的原因和理由，可能是我们觉得别人还没做好知道真相或坏消息的心理准备，或是时机不对等等。但向这些原因妥协往往会导致一些有悖于道义的行为，经常会适得其反，事与愿违。所以当面临这种矛盾的处境时，停下来，仔细想想怎么说出最合适的话。

> 相信自己，相信自己正在为之努力的事，要下定决心把事情做到极致，获得绝对的成功。
>
> ——戴尔·卡耐基

充实我们的工作

行为学家们普遍认为，虽然外界的认可、赞扬、挑战、质疑和公正的待遇等外部因素能够激励我们，但最高效的刺激因素还是工作本身。如果我们觉得自己的工作无聊、毫无挑战性、毫无意义，那无论外部激励多么强烈，我们都难以激励自己努力工作。而相反，如果我们非常享受工作，每天早上都迫不及待地投入工作，每天晚上都不想离开办公室，那我们就不需要额外做些什么来激励自己了。

不幸的是，现在很多工作都只是平淡无奇的例行公事，要在工作中找到兴奋点虽然不是不可能，但也很不容易，那么如何克服这个问题呢？答案就是想办法充实自己的工作。

与自己竞赛

德妮斯是一位在家办公的计算机操作员，她的工作就是把雇主提供的数据输入计算机程序，生成电子表格以及相关文件。因为她精通各种计算机操作技巧，所以每次都能够在截止时间前准确地完成各项工作。

几个月后，德妮斯熟悉了工作内容，工作对于她就只是毫无新鲜感的例行公事了。她开始觉得无聊，不仅不再期待上司指派任务，反而有了些许厌烦，甚至开始找各种理由和借口来推迟开工时间。

她向老板提出申请，希望能做一些其他内容的工作，但被老板拒绝了。遭到拒绝之后，德妮斯开始自己想办法克服对工作的冷淡情绪。她告诉自己："我正在参加一场竞赛，我是一名参赛选手，竞赛的内容是谁能最快地完成工作，但我没有其他对手，我是在与自己竞赛。"

当她接到下一个任务时，她先给各阶段的内容限定了完成时间，然后计时，完成修正错误，再输入计算机程序，如此循环。经过多次调整，她终于建立了一个综合了各项任务、各项变动情况的工作规范，然后每做一个任务就努力超越这个规范一点点。这种竞赛形式的挑战重新激励了德妮斯，她正在考虑在工作中加入其他挑战，这样更能强化她的自我激励效果。

不能总是孤军奋战

詹妮弗在一家保险公司担任索赔处理员。她觉得自己的工作无聊得快要使她窒息了，因为处理索赔的操作程序就像一条"流水线作业"，每位职员检查索赔申请表的一部分，然后递交给检查下一部分的职员，以此类推。如果在申请表的解读上存在问题或错误，那就将其拿出来单独放置一边，等待专家进行处理。仅从操作的角度来说，这个程序十分高效，但工作本身十分无聊，毫无挑战性可言。

詹妮弗将这一情况向上司作了反映，建议每位员工的工作范围应该扩大，这样员工们工作起来不仅能多一些兴趣，也能保持整体高效。她的上司采纳了她的建议，并且同大家一起设计了一个新的工作系统：每位员工负责审查整个表格并修正错误，取代原来的“流水线作业”。

这个变动要求公司对员工们进行额外的培训，而且在最初的时候确实拖慢了工作进度。但这点代价是值得是，因为不仅是詹妮弗，整个部门的员工都开始对自己的工作真正有了兴趣，他们组成了一个工作积极性极强的团队，调班、缺勤以及态度怠慢等情况都得到了极大的改善。而且，新的工作系统完全确立之后，员工的工作速度和精确度都得到了提升。

千万不要灰心丧气

查尔斯·施瓦布是美国工业历史上最成功的人之一，他从一个曾经的穷小子，靠着自己的聪明才智和勤奋努力成为了成功者，创立了世界第二大钢铁公司——伯利恒钢铁公司。

施瓦布一心追求成功和财富，他的决心从未消退过。如果他任凭自己的决心和勇气向灰心和沮丧屈服，他就绝不能成为那么成功的企业家。坚持着自己对于成功和财富的理想，施瓦布总能克服负面思想和沮丧情绪。

将灵感付诸实践

我们的想法、我们的眼界、我们的决心让我们每天都焕然一新，现在就拿出行动吧！明天也许会有更好的灵感和创意，但现在我们要先把今天的灵感付诸实践。

灵光一现，一副美好的画面闪过了艺术家的脑海，她一直在脑子里回想和回味，全身心地沉醉于这个画面，但她现在没有在画室，不方便把她的灵感落实在油画布上，最后，这幅画面渐渐从她脑海里淡出了。

突然间，作家脑海里冒出来一个极具创意的念头，他几乎不可抑制地想抓起笔把这令人惊叹的概念在纸上记录下来。可是现在不方便书写，虽然有点急不可耐，但他仍然推迟了写作。概念仍然在他脑子里萦绕，久久不散，但他仍然在推迟，最后那些念头变得越来越模糊，最终消失不见，再也找不回来了。

计划本身并不能促成成功，实施计划才能实现成功。几乎任何人都能下决心说自己要做一件伟大的事，但只有对自己的目标坚定不移的人，才能把决心化作行动。

当然，创意和灵感有时候确实来得突然，无法马上付诸实施。比如我们正在长途飞机上，我们正在执行一个重大项目，又或者灵感总在午夜时分来临，这时候怎么办？

好的想法不能死！本杰明·富兰克林总是把笔和本子放在触手可及的地方，口袋里、床头柜上、书桌上等各处都备有笔和本子，方便他在灵感突现的时候能够及时记录下当时的所思所想。而现在，无论我们在哪里，都能够随时把想法和灵感记录在手机上，着实方便多了。

成功源于内心

没有人会认为“成功”是成为别人，即使那个人是个成功人士。成功不可复制,也不可能被完美地效仿。成功是一种原创的力量,是个人独特的创造。

如果我们努力去变成另外一个人，或者去刻意模仿一个人，而不是老老实实地做好自己，那我们最后极有可能会失败。力量源于且只能源于内心，我们必须做自己，必须聆听我们内心的声音。每个职业、每笔生意、每个公司都有进步的空间，世界对善于创新的人充满期待。但也许是因为我们的创意和计划前无来者，或者是因为我们还年轻，少不经事，没人愿意听我们述说我们的远大志向，但如果我们能给这个世界贡献出有价值的新东西，就会有人愿意倾听我们，追随我们。如果我们敢于拥有自己的想法，敢于形成自己的行事风格，敢于做自己，而不是模仿其他的什么人，那么我们很快就能赢得他人的认可。除了做事的原创性和风格的独特性之外，再没有什么能够如此之快地吸引老板和其他人的注意了；而如果我们的原创和独特又行之有效的话，那么认同就来得更快了。

掌控我们的思维

大脑掌控着我们对世界里的一切的感知，所以我们要利用大脑来达到自我激励的目的。近些年，这方面有很多课题，例如对思维的掌控，思维在塑造性格方面、改变外界环境方面、对自身的提升以及对健康、幸福和成功等方面起到的作用，这些已经得到越来越多人的关注和研究，取得了一些成果。

如果完成一件事主要依靠或者完全依靠心理和思想，那么就像其他取得成功的途径一样，思维能力的强弱决定了这件事能被完成得有多好。这个世界上的征服者，无论是在战场、商场还是道德上，都懂得如何激励自己去完成必须完成的事，他们就是抱着这样的态度和思想赢得战斗的。

我们一旦发掘了内心非凡的天赋，激发出自己追求成功的决心，学会了如何掌控自己的思维，我们就能革新我们的生活，远离麻烦和厄运。

> 如果你不想付出行动，你就无法抵达这个世界上的任何地方。
>
> ——戴尔·卡耐基

如果我们只是关注着糟糕的健康状况，觉得自己没办法锻炼得更强壮，那我们就永远别指望自己能够坚强有力。同理，如果我们怀疑自己做事的能力，那就别指望我们在工作中能干脆利索地把事做好。总是向弱点屈服，总是怀疑自己达成目标的能力，这些心态是最容易动摇我们的决心的，也是最不利于高效思考的。

思维控制和自我控制是自我发展的关键，所以对我们自己来说，再没有比这两项更重要的学习任务和责任了。也许因为思维是一种无形的东西，很少有人能真正控制住自己的思维，所以它给人一种难以把握的印象，让人觉得控制思维非常复杂，需要空出大段时间专门研究，需要学习很多书本知识才能达成。这就大错特错了，事实并非如此。我们自身完全拥有这种条件和时间，去重塑我们的资质和性格，从而重塑我们的生活。

虽然每个人要完成的任务不同，要解决的问题不同，期待的目标结果也不同，但是做事的过程是相同的，面临的变数也是一样的。

在有意识地向目标一点点迈进的时候，我们必须全神贯注于既定目标，要先于实际看到目的地的那座奖杯，仿佛已经赢得了它一样。然后，你会发觉障碍在一个一个地逐渐消失，曾经看似很难达成的事也变得轻松简单了。而整个过程中最重要的一点就是，死死盯住目标，不要失去对目标的热情，也不要动摇抵达目标的决心。

行动无可取代

只是幻想成功还远远不够，经过内心的沉思之后，必须要有实际的行动。苦思冥想虽然能让我们想清楚需要做的事情以及完成的方法，但并不能替代我们实际要做出的努力。

拿定主意了，就开始行动吧！从正确的思维出发——这是我们对目标应有的态度——然后就调动一切值得争取的力量，来协助我们实现梦想。

事实上，只有想不到，没有做不到，世界上任何一件事都是先有想法再有行动，因为思维是我们的首要力量。

在事业中，我们只有多思考和事业有关的问题，如对职业生涯的规划、如何扩大事业的规模、如何不断地完善与创新等问题，才能拓展我们的思维。我们的思维，我们的规划，我们的热情，还有我们对成功的梦寐以求等等，所有这些因素都能增强我们的心理能量，都是助我们向目标靠近的关键因素。

无论我们所从事的工作和行业是什么，牢记追求繁荣、幸福和好运，这些将使我们向理想靠近，激励我们不断努力，振奋我们的信心，帮助我们在任何情况下都能朝着光明不断前进。我们将为自己的未来思考更多，更有动力，也将看到未来的更多可能性。

坚定

最能够激励自己前进的方法之一，就是做自己真正渴望达成的事情。当事情发展不够顺利时，当遇到看似难以跨越的障碍时，当内心有些灰心丧气的，我们的坚定将鼓舞我们重新奋起，继续战斗。

胜者绝不会说“做不到”，他们只会努力找出克服障碍的方法。当然，世上没有常胜将军，哪怕是胜者也有落败的时候，但他们绝不会选择不战而败，因为他们下决心要取得胜利。

思考

自我激励中，最基本的部分就是思考。在开始一个项目前，必须要先有透彻的思考。事不立则废，一流的执行者在开始执行前，就已经思考好要如何进行工作了。

面对一项复杂的工作，做规划所需要的时间几乎与着手行动直至完成所需要的时间一样多。成功的销售代表在拨打每一个推销电话之前，都会先预想到所有可能遇到的问题，并且精心准备好应对方法。出色的行政领导每做一项决策之前，都会考虑到决策可能造成的所有后果。各行各业的执行者，包括剧场、电影院、电视台或者体育竞技场等等工作人员，都是如此。

诺曼·施特劳斯是纽约的一位工业油漆承包商。在一周内就要截止的麦迪逊广场花园油漆项目投标中，他遇到了一个重大问题。麦迪逊广场花园是纽约最大的室内运动场，所以这单生意很重要。可主要问题是，运动场的天花板有三十多米高，该怎么给天花板上漆呢？一般来说，给高处上漆的常规方式是搭建一个临时平台，油漆工攀上平台喷油漆。所有投标商在搭建平台上的成本是一样的，所以，要想办法在没有平台的情况下给天花板上漆，才能大幅度降低投标预算成本，但每个人都觉得这是不可能的，还费什么心思呢？

但是诺曼·施特劳斯没有轻易放弃，他是一个遇到问题会一直尝试的人，而且他决心一定要拿到这笔生意。那天晚上在回家的路上，诺曼注意到一家电子公司正在给路灯重新上漆。为了高度足够，他们使用了一个动臂装卸机。这个机械相当于一辆卡车，但是车顶上有一个升降梯，可以伸缩的高度范围很广。诺曼立即联想到："为什么不试试动臂装卸机呢？也许能够够着运动场的屋顶。"

第二天，他立即去做了相关调查，证明动臂装卸机的使用在操作上可行，在财务预算上又节省成本，于是就把这个计划列入了投标书。最后，由于诺曼竞标的方案成本大大低于其他竞争者，于是他很顺利地中标了。

持续的自我激励

一个人若是想锻炼自己的能力，发掘自己的才华，就必须奋力超越自己过去的纪录。你必须时刻准备好，看准时机，充分利用每一个宝贵的机会，实现自我成长和职业成长。

无论从事哪行哪业，要保障进步只有一种方法——不断努力，精益求精。断断续续的努力，无论多么猛烈，也不会有多少效果。不积跬步，无以至千里。每天进步一点点，最后才能有巨大的成功。

我们昨天的辉煌不该是今天不思进取的理由，而应该鞭策我们快步走向明天的动力。

我们绝不允许自己，更不允许其他任何人，动摇我们的信心，或摧毁我们的自立与自强。因为自信和自立、自强是伟大成就的最根本的基础，如果失去这些素质，我们已有的构架也将随之倒塌。只要我们还有自信，还能自立自强，我们就仍然拥有希望。对自己，要有绝对的、坚不可摧的自信，即使有时候会略显得狂妄，要做成伟大事业，这个特质必不可少。

本章要点

◎追随成功人士的领导，像成功人士一样思考。

◎我们自己才能给自己最大的鼓励。如果我们相信自己，坚信我们必将成功，我们就为自己建立了永不枯竭的自我激励机制。

◎不要让他人的看法和意见影响到我们的自我激励。如果他们的看法和意见是负面的，不要让这些负面信息打击自己；如果他们是在奉承我们，那么我们不要自鸣得意。

◎如果我们非常享受工作，每天早上都迫不及待地投入工作，每天晚上都不想离开办公室，那我们就不需要刻意做什么来激励自己了。

◎如果我们敢于拥有自己的想法，敢于形成自己的行事风格，敢于做自己，而不是模仿其他什么人，那么我们就能很快赢得他人的认可。

◎我们自身完全拥有足够的条件和时间，去重塑我们的资质和性格，从而重塑我们的生活。

◎坚定地致力于我们渴望完成的事业。当事情发展不够顺利时，当遇到看似难以跨域的障碍时，当内心有些灰心丧气时，我们的坚定将鼓舞我们重新奋起，继续战斗。

◎首先要在心理上取得成功。如果自己的内心都存有疑虑，结果自然就会印证你的疑虑。为了获得胜利，必须坚持不懈，必须坚定不移，而左右摇摆、迟疑不决的心只能获得不上不下的结果。

◎要永远期待最美好的事情将降临于我们身上。无论我们从事什么工作，都要坚信自己会脱颖而出成为最终的胜者，这样的思维习惯才会给我们的生活增添价值。

◎很多人之所以无法实现他们的理想，就是因为他们没有付诸实践。有了去做某件事的渴望，仅仅是播下了远大理想的种子，而能撑起理想的关键，在于我们要怀着一颗诚心，尽其所能地做出最真诚的努力。

◎力量源于——且只能源于内心，我们要倾听内心的声音。每项职业、每笔生意、每个公司都有进步的空间，世界期待着善于创新的人。但也许是因为我们的创意和计划前无古人，或者因为是我们还年轻，少不经事，没人愿意听我们述说我们的远大志向。但如果我们能给这个世界贡献出有价值的新东西，就会有人来倾听我们，追随我们。

成功源自内心，行动无可取代。

06

积极向上
——坚信乐观的力量

在我们向他人投射出的形象中，积极乐观的态度对个人形象塑造的各个方面都非常重要。但是最重要的，还是我们对自身要抱有积极的态度。埃莉诺·罗斯福的这句话就被人广为传颂：

“除了你自己，没人能使你感觉低人一等。”

大多数人，包括那些看起来较为成功的人，或多或少会背有沉重的心理包袱，里面装满了外界的各种负面评价，可能来自父母、老师、老板、同事乃至自己的臆想。但我们可以通过自主选择，重整这些信息，并树立起积极的信念。

有时候我们确实能从他人那里获得积极的反馈，这时候就应该像第 1 章里建议的一样，紧紧抓住它们！建立一个“成功文件夹”或者“成功日志”，专门收集他人的鸣谢辞、感谢信、高度评价等肯定我们能力的实物证据。

保持积极乐观的态度

世界上最令人振奋的习惯就是始终满怀希望，坚信一切都将有一个圆满结局，坚信我们最终会取得成功，而且无论发生什么，我们都将幸福地生活。

没有什么比这种积极乐观、期待未来的态度更充满希望了——这种态度使你能坚持寻找生活中最好的一面，不断设立更高的目标，做最快乐的自己，永不堕落至悲观消极的心灰意冷。

我们要全心全意地相信我们将做我们应做之事，绝不存留一丝怀疑；我们必须认真对待我们决心要达成的理想，它们是“思维的朋友”；同时坚决抵制所有低落的情绪以及暗示着失败和不快乐的一切负面信息，它们是“思维的敌人”。

无论我们想做什么，想成为什么样的人，我们都要对目标一如既往地保持积极乐观的态度。这样，在成功的路上，我们的各项感官将更敏锐，我们将全方面地提升自己。

> 快乐与否，并不取决于你拥有什么、你是谁或是你身处何方，也不取决于你正在做的事情，而取决于你在思考的东西。
>
> ——戴尔·卡耐基

伟大的成功者，皆是积极的思想者

所有伟大的成功者有一条共有的根本原则——相信自己，绝不允许任何东西动摇自己一定能成功的信念。

在人类文明的发展史上，对人类社会的进步做出巨大推动作用的杰出人才中，大多数出身低微。他们曾度过多年暗无天日的日子，看不到任何实现抱负的希望。但他们一直付出，一直努力，坚信总有一天能打开这种局面。

想想这些伟大的发明家们！想想他们在黑暗的日子里也不曾放弃的乐观态度！他们曾熬过那么多年单调、苦闷、郁郁不得志的日子，最后才迎来了成功的曙光！如果没有他们的信念、希望和持续的努力，这曙光可能永远不会来临。

要相信最美好的事情终将降临在我们身上，无论我们从事什么工作，都要坚信自己会脱颖而出，成为最终的胜者，这样的思维习惯才会给我们的生活增添价值。

许多人总觉得自己会失败，总觉得机会不会垂青于自己，所以他们从一开始就扼杀了自己成功的机会，换句话说，他们的心理状态不是追求成功，甚至在主动诱导失败。要追求成功，就必须要具备成功者的心态，如果是失败者和怀疑论者的心态，那结果也会证实你的怀疑。要赢得胜利，必须要有坚定的信仰和不断的进取，而一个犹豫不决的怀疑论者，只会以不尽如人意的失败收尾。

还是那句话，没有什么比这种积极乐观、期待未来的态度更充满希望了——这种态度使你能坚持寻找生活中的最好的一面，不断设立更高的目标，做最快乐的自己，永不悲观和堕落，永远不会心灰意冷。

正如前文所言，无论我们所从事的工作和行业是什么，牢记追求繁荣、幸福和好运，这些将使我们向理想靠近，激励我们不断努力，振奋我们的信心，帮助我们在任何情况下都能面朝着光明不断前进。

为成功的回报而奋斗

许多人为切实的物质回报所驱使，他们强烈地渴望住进装潢华丽的房子，驾驶豪华的轿车，在昂贵的餐厅就餐，去奢华的度假村度假，总之，就是富有。

J.P. 摩根是他的时代里最富有的人之一，有人曾问他，为什么在拥有了这么多钱之后还有动力赚更多的钱？他回答道："金钱只是我用来评价成功的记录卡。我并不需要金钱本身，但通过继续工作不断累积自己的财富，我可以向自己证明自己仍然是个成功者。"

特迪是公司里前十名优秀销售代表之一。当被问到是什么驱使他日复一日地外出跑业务坚持拨出一个个推销电话时，他回答说："我出生在一个贫穷的家庭中，小时候全家住在一间没有热水的公寓房里，那时候我就梦想着有一天能有属于自己的房子，就是镇里的富人们才能住上的那种房子。

"刚开始干这行时，我只是个业绩平庸的推销员，每月也就能刚好达到要求的限额，收入也只够买一套还算舒适的公寓房。有一天，当我开车经过镇里的富人区时，我突然想起了曾经的梦想，于是决定一定要挣够钱买一所他们那样的房子。

"那天我去了一家房地产公司，拿到了那个地段附近待售的房子的照片，我钉了一张在我的床头桌上，贴了一张在浴室的镜子上，还在车里的遮阳板后面别了一张。每个晚上睡前，我都要看一眼桌上那张照片，每天早上我刮脸时，要看一眼镜子上照片，而每天开车去见客户时，我也要看一眼车里的那张照片。我决心有朝一日一定要买一所照片里那样的房子。

“我可以想象自己和家人们生活在那样一所房子里，我们在大餐厅吃饭，在起居室休息，每个孩子都能在自己的房间里快乐地玩耍，妻子在现代化的厨房里准备美味的菜肴，外面还有草地可以散步，有树荫可以乘凉。这些幻想的场景激励我更努力地拨打推销电话，激励我每天再多打一个电话，激励我不断学习和运用更多、更高效的销售技巧。

“贴了照片后的几个月里，我的销售业绩有了显著提高。一年里，我的收入就翻了一番；又过了一年，我就买得起我梦想的房子了。”

回报不一定是物质上的，一些人就是在实现梦想的满足感中寻求回报。

约翰·巴勒斯就是一个成功但不富有的人，他的生活条件可谓简朴，金钱于他并不重要。作为那个时代最伟大的博物学家，巴勒斯把一生献给了研究自然，发表了大量的研究成果。

他沉浸在自然奇迹之中，在研究中获得的满足感就是他追求的回报。他曾说：“我活着就是为了开拓我的生活，享受我的生活。我相信于我于他人，这样的生活方式才是最好的。如果我追逐鸟儿只是为了写写研究它们的文章，我就不可能写出什么读者有兴趣读的东西。我的书写必须出于怜爱和热爱，这两种感情都源于快乐，否则干脆就不要动笔。只有这项工作趣味无穷，工作的成果才能让人感到愉悦。”

把成功的回报铭记在心中，无论是新车、房子或退休金等实物回报，还是实现梦想的满足感等非实物回报，都会促使我们干劲十足地努力工作，直至达成目标后收获我们期待的回报。

别自找麻烦

有些人总是把关注点放在事情的阴暗面上，例如考虑要付出的努力有多不值得，居然有这么多人忙于给自己找麻烦，真是令人惊讶。人如果要找麻烦，就没有找不到的。因为既然一个人习惯于没事找事，那他的思维也就陷入了这种模式。

据说在西方国家的某一发展时期，边境地区的生活很恶劣。但说来奇怪，随身携带手枪和猎刀的人往往会惹上些麻烦事，而从不携带武器的人，却几乎没有遇到过什么麻烦，因为他们更相信自己良好的口才、敏锐的判断力、自我控制力和幽默感。所以，一件小冲突如果发生在有武器的人之间，很容易引发一场枪战，而如果发生在没有武器的人之间，可能只是一个玩笑。

这个道理也适用于那些自找小麻烦的人。如果一直揪着低落、忧郁和悲伤的情绪不放，这些让人沮丧的负面情绪就会一直纠缠不休。一件鸡毛蒜皮的小事对于快乐的人来说，不过就是一笑而过，扭头就忘了。但对喋喋不休的人来说，就是不祥之兆。

如果不能正确引导想象，它就会成为我们最强大的敌人。有些人的生活之所以一直被痛苦和不安笼罩，就是因为他们一直臆想自己受到了他人不公正的对待，感觉自己不被重视，受到了冷落，还认为他人都在背后议论自己。他们觉得所有的恶意都在针对自己，认为自己是别人羡慕嫉妒的对象。但实际上这些大多是他们自己单方面的幻想和错觉，根本没有现实基础。陷入这种心态的人是最不幸的，它扼杀了幸福，让人感到自己的无用和渺小，使人的心态进一步失去平衡。恶性循环一旦形成，生活也将随之失衡，变得处处不尽如人意。

有这些想法的人会让自己置身于悲观厌世的氛围中，他们似乎是带着墨镜看世界，像是看一场葬礼，只有沉闷的黑色，他们的世界里再没有明亮而愉悦的色彩了。

长期以来，这些人谈论的话题不外乎贫穷、失败、倒霉、低潮等等，整个生活都被悲观哀怨的情绪笼罩，那种愉悦的心态已经因他们的抛弃而逐渐萎缩。悲观的情绪愈加极端之后，他们的心态就无法重新获得健康和平衡了。

这样的人无论身在何处，都传播着情绪低落的负能量，没人愿意和他们交谈，因为他们如祥林嫂一般，喋喋不休地重复着自己的不幸和悲惨命运，抱怨说就是因为这些厄运所以世代艰辛、钱财难挣、社会风气败坏……久而久之，他们就成了消极病态的怪人，人们都唯恐避之不及。

> 如果你坚信你所做的事是有价值的，那就扫除一切阻碍你前进的障碍，要知道，世界上最杰出的成就很多都是打破了表面上的不可能而实现的。
>
> ——戴尔·卡耐基

不要批评、责怪和抱怨他人

吹毛求疵和对他人指手画脚的行为是最伤人、最令人不快的。有些人待人不够慷慨，小肚鸡肠，吝啬自己的赞美，很少认可他人的价值，总是挑剔别人。

我们应该在一开始就下定决心，不要随便批评或责怪他人，也不要挑剔他人的错误和短处。惯用讽刺和挖苦的语气吹毛求疵、在每个人每件事上挑刺儿、逮着每一个责怪他人的机会不放却从来都吝啬对他人的赞扬等，这些行为习惯对一个人是非常危险的，就像一只致命的毒虫在啃噬花蕊或果核一样，这些坏习惯也在啃噬一个人的生活，使他的生活逐渐扭曲失衡，再无甜蜜可言。

这样的坏习惯一旦形成，就没有人还能拥有和谐幸福的生活，所以，是那些挑刺儿的人自己毁掉了自己的个性和生活。

人人都喜欢积极向上乐观开朗的人，没人会喜欢爱发牢骚、挑剔别人、在背后捅刀子、爱传风言风语的人。美国伟大的哲学家拉尔夫·沃尔多·爱默生曾写道：

> “能在自己的事业中看到长远的发展，能对未来报以美好的期待，能相信人性本善，这样的人才是这个世界偏爱和垂青的人。”

有的人热衷于闲言碎语，有的人随意发泄情绪，但他们只是逞了一时的口舌之快，有了短暂的满足感，稍后就会为自己的丑恶本质懊悔不已。他们想不明白：“为什么别人都很享受自己的生活，而我却享受不了？”

殊不知，享受生活就是去发现生活中美好的一面，远离丑恶的一面；发现光明的一面，远离阴暗的一面；发现充满希望的一面，远离灰心丧气的一面。其实在生活中，面朝阳光和面朝阴影一样容易，但这不同的选择就造成了巨大的差异，决定了我们对生活是不是满意，决定了我们是感到幸福还是烦恼，决定了我们的生活是欣欣向荣还是厄运连连，最终决定了我们是成功还是失败。

让我们学会在生活中寻找光明吧！拒绝心怀任何阴影、隔阂、不和谐和负面情绪，同时紧紧把握住那些能释放快乐、激励我们的感觉或事物，那么在短时间内，我们就能改变自己看待事物的角度，同时改善自己的个性，让自己变得更受欢迎，也更容易得到好运的垂青。

乐观心态带领我们走向成功

海伦·凯勒小时候因病而眼盲耳聋，她完全有理由哀叹自己的不幸，但她说:“乐观是通往成功的信念，希望和信心让我们无所不能。”

生活中的成功人士都是乐观之人，他们总是面带着笑容工作，敢于做出恰当的改变，面对生活兵来将挡，水来土掩，不卑不亢，宠辱不惊。

乐观之人有着悲观之人永远无法拥有的创造力。在生活中，阳光乐观的性格能使生活甜蜜，能扫除一切苦难，能铺平通往成功的道路，有其他任何东西都没有的威力。在同样的心智能力下，积极向上的乐观主义者绝对比沮丧的悲观主义者拥有更大的力量。乐观永远是头脑的润滑剂，它能消灭掉摩擦、担忧、焦虑和不愉快的经历。乐观之人的生活耐磨、抗损，而那些情绪和脾气容易失控的人如玻璃瓶一样易碎，一不小心生活就失去了平衡。

摒弃消极，奔向积极

消极之人永远无法取得任何成就，因为抱有消极心态的人毫无生机可言，有的只是堕落、消亡和死气沉沉，所以消极的心态是追求成功的劲敌。那些总是贬低他人的人，总是抱怨生不逢时、生意难做、健康欠佳、财运不旺的人总是受制于破坏性的负面影响，从而抵消了他们的所有努力。

在破坏性的负面氛围下，创造力无法存活，自然也不会有什么成功的迹象，所以消极之人总是在走下坡路，总是在遭遇失败。他们失去了自我肯定的力量，随波逐流，再也无法奋力向前了。

消极情绪还会消磨掉我们曾经的雄心壮志，剥夺我们的力量，慢慢摧残我们的生活，破坏我们的自信，最后我们不仅没能成为命运的主人，反而成了命运的俘虏。无论我们从事哪行哪业，实践的力量其实很大程度上取决于自信与否。首先要相信自己能做到，我们才能做到；首先要揣摩成功的精髓然后用心去实践，我们才能掌握成功的诀窍。成功首先要敢想，其次是敢做；首先要修得精神上的成功，然后才能实现物质上的成功。

如果我们对他人怀有恶意，那一定是我们的心态出了问题，这种时候就要对自己喝止:“停！向后转！”看看背后的阳光吧，就算我们不能为世界做出贡献，至少也不会散播毒害和仇恨的种子。

如果我们待人和善，乐善好施，心胸宽广，我们就不会让他人感到压抑，也不会阻碍他人的进步。这样的我们会传播积极阳光的正能量，会鼓励且帮助他人获得成功。

许多人到处散播恐惧主义、怀疑主义和失败主义的论调。有的人原本没有受这些消极心态的毒害，原本可以过上幸福快乐的生活，但这些消极情绪一旦根植于他们的内心，一切都成了泡影。

当然，也有总是传播正能量的人，他们宣传成功的思想、健康的思想、有助于他人提升自我的思想等等，他们走到哪里，哪里就阳光普照，他们帮助这个世界变得更美好，分担他人的负担，抚平生活的坎坷，抚慰那些遍体鳞伤、绝望沮丧的人们。

我们也能像他们一般，不再吝啬，不再狭隘，而是慷慨地传播快乐。无论是在家里还是在外面，我们必须要学会在任何地方都毫无保留地表达自己的幸福。

要驱赶忧郁，最佳办法就是让生活充满阳光；要驱赶消极情绪，就要让生活保持和谐；要避免错误，就要用真理武装头脑；要屏蔽丑恶，就要向往美丽；要摒弃腐朽酸臭，就要向往健康甜蜜。因为相互矛盾的思想不可能同时存在你的头脑里。

我们应该把一切不健康的、致命的负面思想从头脑中抹去，并尽早养成只汲取健康思想的好习惯。每天早上醒来，我们都将是全新的自己，在精神的画廊里清除一切令人不快的场景和回忆，只留下生机勃勃、振奋人心的画面。

弗兰克是一位成功的销售主管，在芝加哥工作。当电视访谈节目的主持人问他如何在每天的高压工作下仍然“保持镇定”的时候，他回答说，他每

天早上都要把心态调整到最佳状态，觉得自己已经完美地融入了周围的氛围之后，才跨入办公室。如果他有一丝丝的羡慕或嫉妒，他就会觉得自己自私，觉得自己在戴着有色眼镜看人。如果他觉得自己还没能调整到正确的心态去面对搭档和雇员，就绝不会开始工作，直到他的内心终于达到了平和。他发现，和没有调整心态就开始工作相比，正确的心态会让他在一天的工作里收获更多。在过去，他经常带着负面情绪工作，但从来没有获得和现在一样丰硕的成果，自己工作得也没有现在开心。

摒弃矛盾，实现和谐

无论我们是不是积极向上，我们都必须保证自己确实能感到积极，我们要使自己积极起来，并喜欢上这种心态，把自己调整到最好的状态后才投入到工作中去。不断地自我鼓励，不断对自己描述积极的状态应该是怎样的，久而久之我们就拥有了积极的心态。《圣经》里就有这么一句话：

他心如何思量，他为人就如何。

有许多人虽然忙于做一些平凡的事情，但实际上能力非常不错，只是因为他们对于矛盾过于敏感，所以无法高效地工作。如果有人正确地指引他们，帮他们制定计划和排除干扰，使他们处于身心和谐的状态中，他们就可能做出非凡的成就。然而，大多数人并没有这样一位“守护天使”，所以我们必须自己学会这些技能，当自己的守护天使。没人能替我们守护自己，千千万万的事情都在分散我们的注意力，如果我们不能学会排除干扰，我们就无法做成任何大事。虽然有时候我们心情非常烦躁，但这不是我们的本性，只是因为背负的压力太大，身心太疲惫。我们必须学会辨认这种情况，然后想办法克服。

我们经常会看到这么一些人，忍受了一年的辛苦工作后，终于不堪重负愤然出行，在度过一个假期之后仿佛换了一个人似的，那些以前会左右情绪的小事现在再不能影响他们一分一毫了。

就像轮轴，如果有了“嘎吱”声，就说明需要上润滑油了。实体产业如果有了不和谐的摩擦，就说明运营中存在一定的问题。早餐时的小争吵可能会让家里的气氛糟糕一整天，而爆发坏脾气的一时畅快则可能毁掉一段珍贵的友谊。

为了完成我们的日常事务，哪怕是在疲惫不堪、状态不佳的时候，我们仍要强迫自己努力工作。当我们失去了主动工作的热情，我们的标准就自然而然地降低了，只能靠着意志力和外界的刺激逼迫自己运转起来。我们常常这么摧残着自己的大脑和各项机能，使它们最后终于因高强度的工作而透支。

所以无论发生了什么，遭遇了什么，我们都要学会保持镇定，保持思路的有条不紊，这样才能稳健地做出明智的决定。

自我挫败型思维模式

很多时候，由于缺乏自信或者受周围负面信息的影响，我们会怀疑自己的能力和成绩，更糟糕的是，我们不断细化、不断强化这种怀疑，让这种怀疑取代了我们对自己和自身能力的认识。抱着这种心态，我们会因为害怕失败而逃避风险，这种对怀疑的强化使我们更加看轻自己，忽视正面反馈，陷入自我臆想中，造成自我挫败型思维模式和负面态度的固化，形成一些常见的自我挫败型思维模式。

思维极端化

极端思维的人认为，事情非黑即白，没有灰色地带，在这种思维下，一旦他的表现不够完美，他就认为自己是一个彻底的失败者。

灾难在迫近

他认为灾难一直潜伏在身边，让人无法提防，一点点瑕疵或一句负面评价都可以使其他赞美阴沉下来，会因为极小的负面因素而否定整个积极的局面。比如："我这封邮件没写好，我再也不会被重用了。"

负面信息扩大化

坏事都是极其严重的，好事的正面影响几乎不能和坏事的负面影响相抗衡，比如，“前三个月我都是销售冠军，但这个月的第三名让我觉得糟透了，这就是我的真实水平”。

过分强调“应该”句式

“应该”之类的句式应该是用来促进我们日臻完美的。为了取得应该取得的成绩，我们必须首先评估“如果”的情形，之后才能计划如何从现在的阶段走到“应该”到的地方。哪怕我们离“应该”到的地方还有一段不短的距离，也不能因此阻碍我们前行的信心。

围困自己

我们经常会把自己围困在一种自责的非理性思维中，这就容易使得最初遭遇的失败影响我们对未来的长远心态。千万不要掉进思维的陷阱，认为“我是个失败者，我根本成就不了什么”。

羞于接受赞扬

受到别人的赞扬时，我们应该大大方方地接受，不要说“这不算什么，我做过更好的”之类谦虚的话，而是应该说“谢谢您”，这样才能向赞扬你的人表示你很珍视他（她）的评价，更重要的是，这种接受能够强化你的自信，优化你的自我形象。

打败“挫败思维”

受自我挫败型思维之害，我们从乐观主义者变成悲观主义者，从正面思考者变成负面思考者，从成果导向型变成甘于失败型……而下面的各项策略将有助于我们摆脱自我挫败型思维。

接纳自己

我们要培养接纳自己的能力，关注自身的优秀资质、强项和特点等积极的因素，因为这些东西使我们成为自己。当我们把焦点放在这些方面上，我们的心态就得到了潜移默化的积极影响。

人们常常更关注自己的弱点，忽视自己的优点，因此给自己带来很大的打击，所以我们必须帮助他人多看到积极向上的方面,同时也更多地关注自身的积极方面。

相信自己，重视自己

做到这一点的关键在于重视我们过去取得的成绩和成功，并为我们曾经的辉煌感到自豪。由于他人总是急于向我们指出我们的失败之处，所以我们很容易总是纠结着自己的失败之处不放。如果我们能花时间细细回味我们曾获得过的种种成功，我们看问题的角度会发生变化，同时还能建立起自信机制。

做自己的主人

自我控制是自我发展的关键，所以对于我们自己来说，再没有比这更重要的责任了。也许是因为思维和心态等是无形的东西，很少有人能真正控制住自己，所以给人一种难以把握的印象，觉得此事非常复杂，需要花时间专门研究，需要很多书本知识才能达成。这就大错特错了，事实并非如此。我们自身完全拥有这种条件和时间，把握自己，改造自己，从而重塑我们的生活。

专注于目标

我们必须全神贯注于既定目标，在想象中瞄准目的地那座奖杯，仿佛已经赢得了一样。然后，你发觉障碍会在一个一个地消失，曾经看似很难达成的目标也变得轻松简单了。

本章要点

◎世界上最令人振奋的习惯就是始终满怀希望，坚信一切都将圆满结束，坚信我们最终会取得成功，而且无论发生什么我们都将幸福地生活。

◎无论什么东西，我们都需要先在思想中构建，然后才能转化成现实。就像建筑师修房屋，在堆砌砖瓦之前，先要在脑子里设计好每一个细节，然后才能建造出现实中的房屋。

◎先在思想上尽可能生动形象地预想理想的画面，全心全意地想象我们真心渴望的东西，就像它已经实现了一样地去想象它，这有助于我们早日实现梦想。

◎我们需要在潜意识里明确我们真正想要的东西。当我们清楚了自己的真实欲望，我们的潜意识就会催促我们向着欲望前进。我们要坚信，我们的渴望能成为现实，也必将成为现实。

◎伟大的成功者都能够坚定地相信自己，绝不允许任何东西动摇他们终有一天能够实现理想的信念。

◎只有把“厄运”、“不能”、“怀疑”等词汇从我们的字典里抹去，我们才能崛起。如果我们还只关注着自己的弱点，我们就无法变强；如果我们还为自己的悲惨和不幸而自怨自艾，我们就无法快乐。

◎坚定地为理想付出和耕耘。当事情发展不够顺利，当遇到看似难以跨越的障碍，当内心有些灰心丧气，我们的坚定将鼓舞我们奋起，继续战斗。

07

充满勇气

——无限风景在险峰

要取得成功，很多因素是必不可少的，比如必胜的决心、坚强的意志等。要追求我们的目标，就要投入大量的精力和时间，牺牲眼前的轻松和愉悦，将障碍一一扫除，勇于应对各种挑战，生命不息，奋斗不止。

成功人士都勇于将想法付诸实践，愿意将金钱、心血和情感投入到他们所信仰的事业中。

这些成功人士的勇敢让人惊叹，但他们并不是冒冒失失的赌徒，他们是先做出有条不紊的行动计划，然后立即付诸行动。

如果不想只做普通人，我们就必须勇于冒险，不能总是出“安全牌”。安稳近似于一种迷信，实质上其根本不存在，也没有人实际感受过。长远来看，想尽办法避免一切危险的结局并不比直接暴露在危险之下更安全。生命要么是一场华丽的冒险，要么就什么都不是。

> 冒个险吧！人生就是一次华丽的冒险。那些敢做敢试的人往往才是走得最远的人，而“安稳之船”从来无法驶离海岸太远。
>
> ——戴尔·卡耐基

美国联邦最高法院的大法官奥利弗·温德尔·霍姆斯曾说过这样一句话：“安稳是人类的幻想，而不是人类的命运。”

不论是在商界、体育界还是政界，成功都属于那些具有非凡勇气的人，他们开拓创新，排除万难，勇敢涉险，破釜沉舟，因为他们从不怀疑自己终将成功。

其实，那些自甘堕落的人，那些从不曾尝试自我拯救的人，还有那些随波逐流的人，才是处在最危险的境地中的人。因为世界上没有什么力量能拯救所有人，天助自助者。而追求成功的决心造就了我们一步步往上爬的阶梯，所以每一步都要坚实，都要稳当。

我们必须要培养坚定的决心吗？答案是肯定的，因为如果别人看不到我们的决心，我们就根本无法证明自己，也就无法说服他人对我们产生信心。如果一个人没有坚定的信念和追求，那么他也不会在生活中有多少成就。

就把新的经历当作学习的机会吧！不要总是想着争个输赢。这种心态能让我们敞开心扉，拥抱更多的可能性，也能帮助我们更好地接纳自己。反之，狭隘的心态不仅会让每种可能性都落得失败的下场，而且会严重阻碍我们的个人成长。

全心投入

阿历克斯在芝加哥度过了童年，那时候他和朋友们是芝加哥小熊队的忠实粉丝，每次球队赢球他们都欣喜若狂，输球则垂头丧气。尤其是阿历克斯，球队的失利会让他沮丧不已。在一个球队表现异常糟糕的赛季结束后，阿历克斯突然觉得:“这不值得。我再也不要这么入迷地关注一个球队了，那样我就不会感到这么难过。”从此，阿历克斯再也不支持小熊队和任何运动的任何球队了。

这种观念贯穿了阿历克斯生活的方方面面，他的人生哲学就是:“如果我没有投入太多感情，我就不会受到伤害。”在学业上和事业上，阿历克斯一直表现平平，不上不下。他确实再没有感受过低落和沮丧，但也没有品尝过快乐的滋味。因为不愿意看到自己支持的人或事以失败告终，阿历克斯避开了“失败的痛苦”，同时也远离了“胜利的喜悦”。

全力以赴

罗伯特·贾维克博士多年来一直致力于开发人工心脏。这一事业以前从未有人尝试过，他的同事和其他专家们也一直劝说他人工心脏根本不可能成功。但哪怕结局会一无所获，贾维克博士也甘愿冒险，不遗余力地进行着研究和尝试，最终取得了成功。

发明家和革新者总是会听到各种嘲笑声。通过历史记录我们得知，富尔顿的蒸汽船曾被嘲笑为“富尔顿的蠢物”；伴着“骑马吧”的起哄，第一辆汽车也曾受到大众的鄙视；爱迪生在成功发明出电灯泡之前，也屡战屡败、屡败屡战了成百上千次。发明家全力以赴地开路，对众人的奚落置若罔闻，默默承受失败的苦楚，最后才能抵达成功的彼岸。

敢于表达异议

开会的时候莉兹感到很不安，因为团队成员们都认为正在讨论的提议可以解决当下面临的问题。虽然她对此颇有疑虑，但如果她说出她的异议，其他组员会不会觉得她愚蠢，甚至觉得她是在和团队唱反调？安全的做法就是保持沉默。但是莉兹非常确信，团队忽视了这个问题中非常重要的一个方面。最后，她冒着被反对的危险，说出了她的看法。在她的提醒下，团队得以从一个全新的角度看待问题，并制定了更高效的方案。

冒险并不是鲁莽的表现，明智的人懂得在适当的时候承担一定程度的风险。当然，既然是冒险，就可能会失败。成功的企业主管每次做决策的时候都会承担一些风险。即使在决策之前做过细致的研究和分析，采取了能在最大程度上确保成功的方式，但在最后的关键时刻，主管们都甘愿冒着可能损失资金、时间、精力和心血的风险放手一搏，因为没有风险，就没有收获。

想想可能发生的最坏情况

在第 1 章，我们提到过《克服忧虑，释放自我》一书的建议——在面对困难和挫折时要问问自己的内心："可能发生的最坏情况会是什么？"做最坏的打算，并做好应对的准备；然后再尽力改善最坏的情况。

当我们站在决策的十字路口，拿不准该不该尝试用创新的方法解决问题，或者该不该换种不同的方法时，我们就应该利用这个原则来指明自己的前进方向。

总之，在生活和工作中，如果我们想取得些进步，就要勇于冒险。虽然通过细致的分析能够把失败的危险降至最低，但我们无法根除这种危险。可是，不经历风雨就见不到彩虹，如果总是打安全牌，我们可能能躲避失败的痛苦，但也永远无法体会到勇挫障碍后抵达目标的喜悦和满足。

> 我们拥有的勇气比我们以为的要多得多。
>
> ——戴尔·卡耐基

坚定信仰

如果我们胆怯，连自己都不相信自己，连自己都没有勇气做自己想做的事，那就别指望成功会降临到我们身上。缺乏自信往往才是我们失败的根源。我们对成功的自信会转化成推动我们前进的力量，而那些对自己的能力不自信的人，无论他们实际上有多强悍，都是最弱小的。

很多商业人士会因失败而一蹶不振，但他们失败的原因，其实并不完全是因为他们在商业上缺乏才能，更多是因为他们缺乏胆量和魄力。很多人天资聪颖，却优柔寡断，不善于利用自己的聪颖，反而更容易受本能和直觉的操纵。这个世界上，原地踏步的人、庸庸碌碌的人、收入微薄的人已经够多了，他们之所以活得这么卑微，就是因为他们从未追求对技术、对知识的掌握和精通，他们认为这是不值得花费心思的。

还有一些人未能成功的原因在于其他因素，但归根结底也是他们自己造成的。他们勤奋、谨慎、节约，但是拼搏了大半生，到头来仍然过得拮据。他们事业失败，于是抱怨时运不济，认为命运不公，但真实原因其实是他们错把忙碌当能量，混淆了这两者之间实质性的差别。他们以为只要这么忙碌下去，就一定会累积财富，却没意识到，用错了方向的力气就完全是白费。

勇气助梦想成真

许多人未能达成自己的目标是因为，他们小看了自己的人生理想和雄心壮志，只把它们当作美好的幻想，认为它们缺乏实际基础，所以他们没有严肃对待自己的人生使命，便也无法开拓伟大的事业。他们没有意识到，要使梦想成真，自己就是梦想实现过程中最重要、最不可或缺的部分。这恰恰就是我们当下最需要努力的事情。我们并不是这个宇宙中孤立的个体，相信自己的人，会感受到自己在努力时，梦想正朝着现实前进。

阿伯拉罕·林肯原本是个非常谦逊、低调的人。那时，南北战争的炮声响彻北方，总统选举迫在眉睫。他毛遂自荐，争当国家领袖。当政治家们物色着总统位置的合适人选时，林肯问他们为什么不提名他为总统。他自己形容说，他能感到胸腔里的热血在澎湃，急于拯救整个国家于危难之时，帮助国家摆脱四分五裂的危险，而且他坚信自己将赢得选举。一个如此不谦虚的人散发出的这种自信和笃定，不免有点像自吹自擂。但林肯的动机是纯洁而崇高的，而他坚定的信心助推着他将奋斗的事业，最终带他走向了成功。

历史的创造者们对自己的毕生事业总是抱有坚定的信仰，他们相信自己的眼光，尽心扮演好自己的角色。他们相信自己的雄心壮志并不是一纸空谈的预言，也不是脑海里的臆想，而是在不远的将来终会成为现实的伟大理想。

换句话说，那些在生活中胜出的人都深刻地相信命运，他们的信仰让世人产生了对他们的信任。因为人们都能感受到，这样的人有着某种独特的魅力，让人们不由得有了崇敬之心。对于那些深信自己“生而为赢”的人，整个世界都会为他自动让路。

无论出身多么低微，只要我们有勇气和决心追逐我们的理想和目标，就没有什么能阻挡我们的步伐。

我们也可能“被迫伟大”，面对着必须取得成功的压力，我们可能惧怕结果是失败，但如果我们对自己有足够的信心，我们终将克服困难，取得成功。

人往高处走

密尔沃基的一家公司裁员后，巴瑞和莱昂都失去了工作。

莱昂觉得这是一大不幸，脸上挂着他招牌式的沮丧表情，看起来像是失去了人生最好的朋友和最后的钱财。他的肩膀耷拉着，拖着脚走路，衣服也脏兮兮皱巴巴的。他抱怨自己生不逢时，给公司兢兢业业卖命了这么多年，居然还是被解雇了。所以他觉得努力根本没用，因为自己连在一个经验丰富的工作上都不能胜出，还能在什么事业上取得成功呢？这种想法钳制了他的思想，他逐渐认定自己就是注定失败。很明显，这次事业上的失意让莱昂饱受苦楚。

而另一边，巴瑞则从一个完全不同的角度来看待这次解雇。他认为这是一次全新的机会。每天早上起床，他仍然充满希望，仍然穿戴得跟上班时一样整齐，脸上也全无失败的愁苦表情。他的态度就是一个成功者应有的态度，眼里只有近乎于反叛的决绝。得知朋友们以为他已经找到了一份好工作后，巴瑞很开心，他告诉他们自己还在寻觅中，但是他一点都不怀疑自己肯定能很快找到一份工作，而且是一份更好的工作。巴瑞坚定地表示他并非自吹自播，他一定要让解雇他的公司看到他们错过了一个人才。他也不想一直只是个普通职员，他还要往上爬，要做自己的老板，而且他要曾经供职的公司看到他一步步迈向成功。

为了自己的事业，巴瑞继续在商海里拼搏，并且把生意做得比他的前雇主还大，最后他成了一家大公司的老板。时间证明了巴瑞确实有强烈的进取心和卓越的领导才能，也有独创性、积极性和足够的商业智慧，而这些优点都是他的前雇主没有意识到的。

两个同样起点的年轻人，态度的不同演变成了后来失败者和成功者之间的差距。成功者是那种百折不挠、屡败屡战的人，失败甚至可能使其决心更坚定，激发出他更昂扬的斗志。暂时的失败对于个人并不代表什么，只是生活中的一段插曲罢了。

> 如果要培养勇气、战胜恐惧，你能找到的最迅速、最稳妥的方法就是，去做你惧怕的事情，而且反复地做，一直做到你积累了足够多的成功经验为止。
>
> ——戴尔·卡耐基

开辟的勇气

理查德·布兰森是一位著名的企业家，他创建了维京唱片公司，革新了唱片产业，然后又开始追逐新的挑战。在1984年，布兰森卖掉了唱片公司，决定涉足一个全新的行业，于是他创立了维珍航空公司。

为什么要开航空公司？原来布兰森在做唱片生意的时候经常出差，但几乎就没有航空公司的服务让他感到满意过，所以他想开一家真正有服务意识的航空公司。和很多企业家一样，作为消费者曾有过的直接体验启发了布兰森。虽然对航空公司还几乎没有任何认识，他还是执意创建了自己的航空公司，其勇气和无畏可见一斑。但这一次，布兰森对于如何当企业家已经驾轻就熟。

由于是小公司，运营上没有那么多官僚主义的繁文缛节，布兰森就充分利用了这一优势来吸引顾客，开辟了从纽瓦克机场（近纽约）到盖特维克（近伦敦）的廉价航班。就像以前提供折后唱片价一样，布兰森现在又提供折后机票，特别吸引希望省钱的年轻消费者。

布兰森的策略很简单，那就是开一家自己心仪的航空公司。许多人都对一些产品或服务有过类似的想法，但只有真正的企业家才敢于将想法付诸实践，而布兰森恰恰就是这样一个人。很多旁观者认为布兰森的公司根本没办法跟走高端路线的英国航空公司相抗衡，但这并没有吓到布兰森，他虽然步履维艰，但仍然勇往直前。

维珍航空在开始盈利前，一直亏损了好几年，不少银行家和朋友都劝告布兰森："适时放弃吧，不要把家底都败光了。"但布兰森充耳不闻，仍然一意孤行。当时一位报社记者在采访中问道如何成为千万富翁时，布兰森打趣道:“亿万富翁投资航空公司就能成为千万富翁了。”

现在，维珍航空公司已经成为英国第二大国际长途航空公司，旗下有波音747机群和空客A340机群，在纽约、迈阿密、波士顿、洛杉矶、奥兰多、旧金山、中国香港、雅典、东京等世界主要城市之间都开辟了航线，盈利颇丰。

在私生活上，布兰森同样也热爱冒险，驾驶航船飞机热气球等危险活动都彰显了他非凡的勇气。

布兰森的事迹告诉我们:

◎成功并不一定要创造新产品或者开发新服务，布兰森研究和尝试的都是已经成熟的市场，但是他提供了更优质、更高效的服务以及更实惠的价格。

◎要成功就要承担风险，布兰森在他的任何尝试中都敢于冒险，其中最著名的就是挑战已经臻于完善的英国航空公司。他开拓了一片英国航空公司忽视的市场，并且用更优质的服务和更实惠的价格占领了这片市场。

◎布兰森有坚定的信念，坚信自己的公司终取得成功，所以就算亏损了好几年，他也绝不言弃，所以成功最后是属于他的。

◎我们应该牢记布兰森的经历，在进入一家新公司或者经营自己的企业的时候以此作为参考。如果对自己提供的产品和服务有信心，我们就应该有在市场竞争中搏杀的勇气。布兰森并不盲目赌博，相反，他清楚地知道自己有几分胜算，在权衡之后，如果情况较为有利或者胜算较大，他就会毫不犹豫地承担适当的风险。

非用即失，不进则退

许多人之所以达不到成功的高度，是因为他们放弃了去攀爬的尝试，他们从未正确地树立过雄心壮志，也没有及时给自己加油打气。那些勃勃雄心在年轻时就过早地偃旗息鼓了，这就是一个人未老先衰的标识。雄心不再，决心和勇气也就渐渐销声匿迹了。

另一方面，有一些年轻人虽然有理想，有热情，却少有人得以善终。有的人在短期内逐渐意志消沉，最后一事无成。很多人曾自信地认为自己将拥有一个公司，却没有认真实践来维持自己的雄心，到了后来也只是无名小卒，对自己、对世界都没有多少价值。

不管我们是多么的天资聪颖、才华横溢，我们都要不断地运用和磨炼自己的能力和才华，否则它们就会逐渐退化，这是通用的自然法则——非用即失，不进则退。你没有办法逃避或者忽视这个事实，因为天地万物都遵循这条法则，无论是天赋和志向，还是种在地里的一粒种子，如果没有得到精心的养育和呵护，都终将消亡。

向往成功

如果真心向往成功，我们的行为举止、穿衣打扮和谈吐都会散发出成功的气息，我们所做的一切都会成为我们迈向成功的阶梯。

不论是按照某些受推崇的模式生活，还是把心思放在我们决心完成的目标上，能够每天早上被梦想叫醒，怀着对成功的向往开始新的一天，都是迈向成功的一大优势。如果心怀矛盾和疑虑，那么就难以融入到一天的工作中。如果对自己做事的能力还存有疑虑，我们就必须不断强化自己的意识，不断暗示自己“我充满勇气”，并且坚定不移、坚持不懈地朝着目前前进。只有坚信自己能力和勇气的力量坚不可摧，我们才能变得更强，才能潇洒自如地完成我们未完成的事业。

我们将发现，对这些理想的坚持将使我们的生活有所改观，我们将从不同的立场来看待面临的问题，生活也将展现出全新的意义。有了这份坚持，我们将更满足、更愉快地融入到身处的环境和氛围中，树立起自己鲜明的个性，建立起强大的意志力。有了这份坚持做支撑，我们将会目标更明确，思路更清晰，决策更高效，行动更敏捷。

鼓起勇气，击败恐惧

如果我们缺乏某种品质，持续的心理暗示和心理肯定可以起到对其增强的作用。所以，如果我们本性上就缺乏勇气（实际上大多人确实如此），我们就需要持续地暗示自己，例如“我无所畏惧”、“我英勇向前”、“没有什么能够伤害到我”等等。感到害怕无非是因为缺乏安全感，而当我们对自己拥有绝对自信之后，就没理由感到害怕了。

抵抗不住内心的恐惧时，要对自己说:“我绝对不害怕，没有什么可怕的，恐惧不是现实，也不是真理。恐惧只是因为我对伟大事业的认识不到位，所以缺乏勇气。”爱默生就深知这个道理，所以他说:“不断的自我肯定和自我鼓励能使我们鼓起勇气，不对恶之丑咆哮，但歌颂善之美。”

不要过于担忧那些你不想遇到的糟糕情况，要像本能地回避肉体上的危险一样，本能地回避一切心理上有害的思想，要摒除悲伤、忧郁、矛盾、软弱和痛苦，换之以明亮的心情，乐观积极，怀抱希望和理想。我们应该养成心理暗示的习惯，多关注、多思考积极向上的话题，牢记一些能够让人感到快乐的励志话语。一段时间之后，我们将惊奇地发现，我们这么快就改变了自己的思维方式。一旦改变了自己的思维，我们的心情也将随之改变，我们将给自己增添更多的自信和勇气，这就已经成功一半了。

自我对话

本书在第 1 章里就已经指出，当恐惧和沮丧开始在心中蔓延时，我们可以通过自我对话的形式来给自己加油打气。自我对话，其实就是依据有分量的证据，给自己一个经得起论证的理由。证据越是令人信服，这个理由传达出的信息就越真实可靠。我们需要经常在心里进行这样的对话，有了这样的对话，我们才能夺回对自己思想的控制权——而思想是我们最应该牢牢把握住的东西。

> 坐以待毙滋生出疑虑和恐惧，而行动和实践催生出自信和勇气。如果你想战胜恐惧，就别只是坐在家里想想而已，走出去，找点事做，让自己忙碌起来。
>
> ——戴尔·卡耐基

做出选择，付诸实践，别再犹豫

一败涂地和不完全成功都令人失望，而造成这些后果的主要原因之一就是犹豫不决。许多企业家都曾在紧要关头果断决定冒险一搏，后来就成功了，挣了大钱。相反，很多人之所以失败，就是因为面临抉择的时候犹豫不决，举棋不定。下定决心的人清楚地知道自己想要什么、该做什么，所以一直向前迈进；而犹豫不决的人，无论在其他方面有多么强，在人生的赛跑中都只能落后。

如果我们做事迟疑不决，习惯不断权衡利弊、三思又三思，从未想清楚自己要什么，那么我们就永远成不了领导者。这些习惯不是成就一个领导者的品质，因为无论领导者缺乏什么品质，他们至少都清楚自己的想法，明白自己要什么，并且奋力争取。他们也可能决策失败，也可能时有摔倒，但他们总是马上从摔倒的地方爬起来，然后继续前进。

那些胆小如鼠、犹豫不决、生怕走上歧途的人根本不敢着手做任何事，只有果断决策的人才能负担起犯错的代价。那些一直等待确定的人，一直站在河边等待被人推下水的人，永远没办法抵达彼岸。

许多人似乎特别惧怕做决定，他们不敢承担责任，因为他们不知道自己的决定将造成什么结果。他们总是担忧，如果今天做了什么决定，而明天有了什么更好的机会或办法怎么办？他们担心日后会懊悔当初的决定，于是放弃了当下的决定权。这种犹豫成性的人已经完全丧失了自信，他们在任何重要事项上都根本不敢信任自己。很多人原本天资聪颖，但优柔寡断的致命缺陷毁了他们的天赋。

在英语中，再没有比“我将（I will）”两个字更能表达出勇气的词了，其他词汇还有“力量”、“深刻”、“可靠”、“果断”、“自信”、“能力”、“决心”、“勇气”、“活力”和“个性”等，这些词汇向我们述说了克服困难后的喜悦、扫除障碍后的胜利、敢于承诺的意愿、敢于实践的力量、勇往直前的精神、不受约束的远大抱负等其他种种崇高的品质，凭借这些品质，我们将会兵来将挡，水来土掩，在成功路上不断前进。

本章要点

◎当自信和使命感成为了生活的主旋律，就没有什么能够吓倒我们，没有力量能够阻止我们迈向成功。无论我们还有什么弱点或缺陷，我们的信心将强有力地证明我们有能力做好手里的事情。

◎不管我们是多么的天资聪颖、才华横溢，我们都要不断地运用和磨炼自己的能力和才华，否则它们就会逐渐退化，这是通用的自然法则——非用即失，不进则退，这是你没有办法逃避或者忽视的事实。

◎如果我们能认识到自我鼓励和自我肯定的力量，如果我们能在心中不断肯定自己终将成长为我们梦想的样子，终将完成梦想的事业，我们的生活就将发生翻天覆地的变化。这样的认识将使我们免遭厄运和困境，并带领我们攀至梦想的高度。

◎我们必须通过某种方式来肯定自己能够做好我们从事的事业，否则我们没办法取得任何成就。

◎懒惰是通往成功之路上最大的障碍。

◎决策时的举棋不定只会让我们的奋斗以失败告终，或者以令人失望的不完全成功草草收场。

◎逆境会激发出我们体内更强的抵抗力，克服一个障碍将使我们有更强大的力量克服下一个。

◎所有的疑虑、恐惧等悲观情绪和负面思维都从根部污染了生活，它们消耗我们的能量、热情、雄心、希望和信仰——总之，就是毁了赋予生活活力的一切。请善待那些帮我们保持雄心壮志的美好品质，它们将助我们实现理想和梦想，将幻想变成现实。

◎人类生来就是要开创事业的，没有什么能够取代成就在一生中的意义。难以想象，如果没有真正有意义的成就，生活哪有什么真正的快乐可言？

◎学习奔跑的方法就是去奔跑，学习游泳的方法就是去游泳，而学习培养勇气的方法就是在工作中通过实践来锻炼勇气。

08

重振旗鼓
——用挫折成就自我

在解决问题的时候，我们往往不愿意尝试新创意，对探索非常规的解决途径充满恐惧，因为我们害怕失败。对失败的恐惧是人类的一大特点，没有人想经历失败的痛苦。但是如不尝试，没有任何一项事业会取得成功，而每一次尝试，都存在失败的风险。

向家人学习

生活中，我们的很多尝试都失败了，但我们可以从中汲取教训，运用我们学到的新知识或新技能克服失败。第一次做出的新尝试往往会以失败告终。

比如，小特里西娅第一次玩拼图玩具的时候，就沮丧得哭了起来，那些拼图板块就是没办法拼合在一起。但是在妈妈的指导下，她再一次耐心地玩了起来，很快能够辨认出各个板块了。过了一会儿，她就反败为胜了。

约翰尼在棒球比赛中第一次面对投手时，无法成功上垒，他三振出局了好多次，才终于掌握了击球的诀窍，不再失球。

坚持尝试

即使我们具备一定的实际经验和操作技能，我们也不可能总是成功，有的时候，我们还是会遭遇失败。但是我们不能被失败压垮，我们要从错误中汲取教训，不断改进，不断克服。

罗兰·哈斯·梅西被迫关闭了七家商店，但是他并没有因失败而放弃，而是一直做出新的尝试，最后成为了美国零售大亨之一。

贝比·鲁斯在棒球事业中三振出局了一千三百多次，但是他的714个本垒打让人们永远记住了他。

> 要战胜恐惧，就要去做你惧怕的事情，而且反复地做——这才是你能找到的最迅速、最稳妥的方法。
>
> ——戴尔·卡耐基

探索问题的根源

托马斯·爱迪生从来不言放弃，但是他知道，仅有坚持还远远不够。每次实验失败后，爱迪生都会研究失败的根源，不懈地探寻解决办法。据说，在最终开发出适合运用在灯泡里的钨丝前，他失败了一千多次。

并不是只有伟大的天才和体育竞技的冠军才克服过失败和失望，我们每一个人都得预料到生活和工作中的挫折，并且做好击败它们的准备。

贾斯汀现在很忐忑，因为她原本肯定地以为，她的提议会加速薪资处理流程的运转，但是出乎她意料的是，她的提议反而降低了处理速度。老板的批评让她更觉得自己的所作所为愚蠢透顶。但是她并没有轻言放弃，而是展开调查，试图找出引发失败的原因。她发觉她的想法本身是没有问题的，那么问题一定出在实际操作之中。通过改变新流程中对职员的培训方式，贾斯汀最终反败为胜了。

风险最小化

所有的新创意都是存在风险的。如果没有过去的经验证明它能够成功运作，那么现在就有可能遭遇失败。

保罗给公司开发的新产品量身制定了一份特别的营销计划，但他意识到，很多不确定因素的存在可能会阻碍计划的实施。

为了发现可能会遇到的问题，在将产品推向全国之前，保罗选择在三个城市中先进行小范围的市场测试。在每个城市的实践中，他都能发现潜在的问题，并努力解决它们。在全国营销计划启动之时，几乎所有的问题都已经得到了纠正，营销成功的几率大大增加了。

寻找备选方案

彼得有一个新创意，他知道这个新创意本身是非常棒的。但是之前没有付诸实践过，如果新方案无法运作，或者无法快速运作，他的公司将会面临灭顶之灾，根本没有时间去判断失败的原因或者作出调整。总之，它必须能够马上运作起来。

为了避免新方案可能存在的问题对自己和公司造成损害，彼得又开发了一套备选方案。虽然这套方案比较中规中矩，运作起来也没有那套基本方案高效便捷，但至少可以作为临时方案，以备不时之需。这样一来，基本方案即使运作失败，情况也在可控范围内，还可以有时间展开深入调查，排查方案失败的原因，及时弥补不足之处，使方案得以成功运作。

做好成功的心理准备

当创意或计划宣告失败时，人们往往都沮丧不已，其中一些人就轻言放弃了。事实上，在实施之前，我们必须预料到，我们有时可能会遭遇失败。

安德里亚现在灰心丧气，因为他原本以为自己的建议肯定能够解决存在的问题，但在他竭尽所能之后，居然还是失败了。他失望地想："我是个失败者，根本没办法应对这种挑战。"

如果一直抱着这样消极的态度，安德里亚不仅会萎靡不振，而且根本无法冷静地思考其他解决问题的方法。

我们必须接受自己有时会遭遇失败的现实，承认这一点并没有什么好难为情的。进行一场自己跟自己的对话，有助于我们提醒自己：失败只是尝试新事物时必经的一个过程，我们必须持续创新，否则就会一蹶不振。

我们要牢记，我们曾经的成功都是在经历了失败之后才获得的，并且要不断地告诫自己：我们曾经成功过，以前可以，现在也可以。失败只是暂时的困境，我们过去曾克服过失败，所以我们能够、而且必将再一次克服失败，成功最终是属于我们的。

在员工失败时仍然支持他们

作为管理者，我们背负着更多的责任，我们必须坚强地面对员工的失败。当然，有时候我们会因为员工的办事不力而感到失望，确实很想大声斥责他，或者干脆解雇他。但鲁莽行事只会使员工士气低下，甚至损失一名有潜力的优秀员工。

IBM公司的一位中层管理人员在工作中出现了重大的判断错误，导致公司损失了十万美元。当IBM的开拓者托马斯·沃森打电话把他叫进办公室时，他以为自己将要被炒鱿鱼了，便主动对沃森说："都是我的错，我想您是要我辞职吧。"

"胡说。"沃森回答道，"我刚投资了十万美元给你作培训，现在开始好好汲取教训，回去工作吧。"

管理人必须认识到，只有员工拥有犯错的机会，才能够成长，否则他们就会惧怕尝试和创新，原地不前。

让业绩走上正轨

给员工犯错的机会，并不意味着为了保持员工的士气，我们就要忽视失败、错误和糟糕的业绩，管理者们有责任引导员工走上成功的道路。

卡耐基培训教授给了学员们一种“六步法”，以此帮助他们做出更好的业绩。

第一步：奠定共同的基础

我们要想办法在自己和对话者之间奠定共同的基础，建立融洽的合作关系。融洽的关系是在长期的和平共处之下，通过诚意和信任逐渐积累而成的。会谈的时候，我们要减少初次见面的焦灼感，使对方感到舒适轻松。在交谈之中要有同理心，如此才能有效地沟通当下需要处理的问题。

第二步：缓和的语气

在交谈中多使用缓和的语气，避免突兀等对他人可能造成的冒犯。找到一种彼此都舒适的表达方式，营造融洽的氛围，和气地商讨需要处理的问题。

不要直接说“这是错的”，而应该缓和地表达你的见解，比如说，“我想你这种方法可能也能解决问题，但是我能不能建议……”以此句式陈述你觉得应该怎样改进。

第三步：就事论事，不针对个人

在解决问题的步骤中，我们必须聚焦于问题本身，而不是某个人，在描述问题的时候要去主语化，尽量减少对人称代词的使用。

要明白，是行为出了错，而不是做事的人出了问题。我们要给这个人解释的机会，让他（她）明白，我们了解出了什么问题。我们应该倾听他（她）的解释，理解他（她）的处境，再判断他（她）是承担了责任，还是在谴责他人、逃避责任。

这一步的目的在于收集真实的事实和信息，以便准确地确认问题及原因。多问问题，这样可以减少对方的防御心理。不要直接得出结论。有了不同的观点和角度之后，问题的根源终将浮出水面。

第四步：共同探索选择性方案

这一步骤的目的是采取补救措施，降低再次出错的几率，以及重振当事人的业绩。这个过程需要重新制定计划以避免同样的问题再次出现，还要鼓励当事人及时反馈。

而针对勇于承担责任的员工和推卸责任的员工，这一步的操作方法有所不同。针对负责任的员工，可以采用询问、倾听、辅导等方法鼓励他（她）改善现有的状况，这样他（她）可以更多地参与到问题分析和决策过程之中，在解决问题的时候也会更尽心尽责。而针对责怪他人或逃避责任的员工，管理者可能首先需要重申业绩预期，灌输承担责任的观念，重建问责制，确认双方的理解是否到位，最后才能达成意见一致。

第五步：许下承诺

这一步骤的重点在于人。显然，犯错的员工多少会觉得自己是个失败者，对于下一个机会也会显得有些信心不足。因此，管理者需要帮助他（她）从不同的角度看待整件事情。

这名员工需要重新认可自己对于公司的价值和重要性，也要充分地信任管理者的支持和鼓励。在谈话结束的时候，他（她）应该干劲十足，决心要取得最优异的业绩，因为他（她）感受到了自己与公司之间命运相连的亲密关系。员工对于高水平业绩的承诺和公司对员工成功的承诺都应该得到明确的申明。

第六步：保持责任感

在谈话结束的时候，员工应该充满了责任感，并且充分理解了公司对自己的期望。

有时候我们会发觉某位员工并不适合某份任务、某个项目或者某个部门，我们可能需要进一步探索这位员工有什么优势、兴趣和目标，并且在公司里为其物色一个更匹配的职位。如果使员工长期处在无法成功的处境下，对员工和公司双方都是很大的损失。如果辅导他（她）获得理想业绩的努力——失败，那么最后的手段就只有安排他（她）做其他的工作了。

坚持不懈和持续创新

我们做出的努力中，总有成功的，也有失败的，成功的喜悦中总是点缀着点点失败的苦涩，而思路清晰，计划合理地对抗失败往往能够使我们绝地反击，反败为胜。

李·艾科卡被福特公司解雇后，陷入了事业最低谷，但他在克莱斯勒CEO这个新职位上绝地反击的故事，一直为人津津乐道。

他在自传里说，刚刚走马上任，他就面临着更叫人绝望的困境：克莱斯勒处在破产的边缘。一般人可能会马上辞职，因为不想从一个失败转移到另一个失败上。但凭借着创新的思维和坚持不懈，艾科卡最终成功化解了危机，将克莱斯勒扭亏为盈。

调整方向

唐并不是一位普普通通的音乐人，他志存高远，梦想着成为著名的小提琴演奏家。从大名鼎鼎的朱丽亚音乐学院毕业之后，他参加了好几次大型比赛，但从来没拿到过好名次。经过多年的挣扎，他意识到，自己虽然是位有实力、有竞争力的小提琴手，但缺乏成为顶尖小提琴演奏家的特质。他原本可以达到难度稍低一些的目标，比如成为交响乐团的一员——这份工作稳定又体面，还能充分发挥他的音乐才能。但是，唐的远大理想是成为业界顶尖的人物——而不是众多音乐人中毫不起眼的一个。

他仔细研究了各项职业选择，发现唱片业非常缺乏真正有音乐学识的音乐人，于是他去一家大型唱片公司当了助理制片人，专门从事古典唱片的发行。他在音乐领域的才华和知识都得到了充分的发挥，很快他得到了升职机会，最后当上了古典唱片部的部长。

过了几年，唐又一次遇到了危机。公司为了降低成本，进行了重组，而古典唱片部从来都不能给公司带来丰厚的盈利，自然要裁员，于是唐失业了。唐再一次调整了自己的职业方向，给自己定位成制片人顾问，主要向前雇主和其他唱片公司提供咨询服务。凭借着他过去在古典唱片生产上的辉煌业绩，唐很快就跻身于业内顶尖独立制片人的行列。

在两个关键时刻，唐不仅没有为失败自怨自艾，反而反败为胜。因为他为了充分发挥自己的才华，客观分析了自己的强项和优势，并且及时调整了前进方向。

调整目标

收到医学院的拒信时，克里斯蒂娜非常难过。因为她的一切努力和规划都是为了成为一名医生。大学期间，她所选的所有课程都是为了医学事业做准备，她也确实是个优秀的学生。原以为录取是十拿九稳的事，但没想到她的成绩竟然低于医学院的分数线。

在闷闷不乐了两天之后，克里斯蒂娜觉得自己应该决定下一步做些什么了。她考虑了跟医药领域相关的许多选择，包括申请国外的医学院，或是在医学领域找个工作，或是重新回到学校、提高成绩以达到申请学校的要求分数等，但这些选择都无法吸引她。

和朋友、父母以及导师讨论之后，克里斯蒂娜进行了严肃、深刻的自省，她意识到，自己在课程的低分并非是因为能力不足，而是因为她对这一专业并没有高涨的热情。原来多年以来，她的真实兴趣早已悄悄发生了变化，但是在职业志向上并未得到反映。

在就业指导顾问的帮助下，克里斯蒂娜重新思考了自己的职业目标，然后发现自己还拥有很多才能，在多个领域里都能找到合适的机会。在人生的这个重要转折点，及时调整目标拯救了克里斯蒂娜，否则她也许将终生从事一份可能让她痛苦的职业。

退一步海阔天空

多年以来，乔尔一直是公司最优秀的金融分析师之一，晋升之后担任了部门主管。但没过多久，乔尔就发觉他并不能胜任这个新职位。因为他擅长处理数据，但在现在的工作中，他很多时候都需要与人打交道。他管理着四十位会计、计算机操作员和职员，还要花费大量的时间与各方人员不断地开会和讨论，包括其他经理、银行代表、其他金融机构的代表、公司管理层的代表等等。截止第一年年底，由于乔尔的部门业绩不佳，上司找乔尔谈话了好几次。

乔尔几乎就要准备辞职找份新工作了，这时候，公司主管从总部来乔尔的部门视察，他对乔尔说："乔尔，你是我们公司有史以来最优秀的金融分析师之一，你做的分析都非常专业，非常到位，但是你在现任的工作上表现并不出色。如果你愿意回到曾经的岗位上，我想你会更高兴，对公司的贡献也更大。"

走回头路往往会遭到鄙视，会被认为是一种失败，这仿佛代表着承认自己不能胜任更高级的岗位，对自尊也会构成伤害。然而，很多人都曾晋升到了自己能力范围之外的职位。人有长处，也有短处，人与人之间各有不同，我们应该接受自己的短处，做出最适合自己的选择。回到曾经的岗位之后，于公司、于自己，乔尔都重新找到了自己的价值。

查尔斯·凯特灵是自动启动器等多项发明的发明者，把公司卖给通用汽车之后，他被任命为副主席，掌管多项业务。但作为管理者的凯特灵表现并不如意，他管理的部门的业绩总是达不到公司设定的标准。最后，凯特灵选择了卸任，只搞发明创造。这个决定对他和通用公司都是有益的，因为他能专注于他最擅长的领域了。

失败和挫折不应该让你意志消沉、自怨自艾，你应该分析遭遇失败的原因，决定做出什么努力来扭转局面。

> 失败乃成功之母。沮丧和失败是通往成功的垫脚石。
>
> ——戴尔·卡耐基

克服工作上的失望情绪

维克多刚进入公司的时候就给自己定下了一个目标，要在五年内成为分部经理。但现在四年多过去了，他离这个目标仍然很遥远。他对自己感到失望，工作上失去了奋斗的动力，思想上也发生了转变，从梦想着挣大钱变成了为自己的不走运自怨自艾。

维克多为什么没能达成自己的目标？也许是因为外界的不可控因素，比如经济衰退、竞争过于激烈等，也许是维克多在上级分配给他的任务中没能展现出自己的最佳能力。如果是前者，维克多可能需要设定新目标，或者在条件稍好的领域中找一份新工作；但如果是后果，维克多或许可以尝试下面几种途径来改善现状。

“一定会晋升！”

一个人未能晋升的原因可能并不在于外界因素，如上文中，可能是维克多自己没能争得升职的机会。仅仅投入时间是远远不够的，维克多应该重新审视自己在工作上的表现，多与上司讨论如何取得进步，还需要参加额外的培训，才能为他中意的职位做好晋升的准备。

梅雷迪斯的上司退休了，他为此感到不安，因为他希望自己能够接替上司的位置，毕竟他是这个部门里最资深的员工了，而且工作业绩一向很好。但结果是，他没能拿到这个升职机会，因为公司从外部聘请了一名完全不了解该部门情况的人来当领导。

“这不公平！”梅雷迪斯十分不服气。

那么，梅雷迪斯为什么没能接替他的上司？

当一个公司物色领导岗位的合适人选时，自然要考虑工作业绩、工作能力和职业素养等因素，但同时更需要这样的人——有技术能力，同时必须要有使自己脱颖而出的特质和意愿，而且乐意竭尽全力完成例行公事以外的工作。

走在前面

中层管理者里奥即将退休了。在与执行副总裁杰克结束了关于工作交接事宜的讨论之后，他对杰克说了这么一席话："杰克，有一个问题困扰我很多年了，一直让我觉得有些郁闷，如果不是我要退休了，我都不敢问你。我们差不多是同一时间进入公司的，你现在已经是执行副总裁，而我只升到了中级管理层。我到底哪里做错了？我在工作上的表现一向出众，上司们给我的评价也很高，对于分配给我的每一项工作，我按时保质地完成了。你到底做了什么我没做到的，才能超出我这么远？"

"里奥，其实你自己就已经回答了这个问题。你完成了上司要求你完成的工作，但是你也只是完成了这些工作。我之所以能走到这一步，奥秘在于我总是乐意做例行工作之外的事情，我自告奋勇地争取没人想做的任务，我提出自己的创意，把这些创意贡献给高级管理层。我总是走在别人前面，当然也承担了一些风险，因为其中一些尝试没能奏效，也花了公司一些钱——而且其中一些确实以失败告终了，但总体来说，我成为了公司非常难得的人才。当我觉得我在某个部门中已经竭尽所能、倾其所有了，我会主动申请调任到另一个我可以学到更多的部门工作，努力通过更多的方式为公司做贡献。

做好自己的工作很重要，而且是一切成就的基础，但高层管理者是决定你能不能升职的人，能引起他们注意的，恰恰就是超出基本任务的部分。”

有太多的人像里奥、梅雷迪斯或者维克多一样了，他们在工作中干得不错，但是以为这样就足够了。这点是很致命的。就像杰克说的一样，一个人必须走到前面，才能获得升职的机会。

明白晋升不了的缘由

如果别人晋升了我们却没有，那么请仔细思考一下，我们能做些什么，才在下一次机会来临时被上司纳入考虑范围内？请回答以下十个问题：

1. 我怎样才能使现在的工作对公司更有价值？

2. 我能为公司再做点什么？

3. 我怎样进一步改善我部门工作的流程？

4. 我能在工作中学到什么不同的新东西？

5. 我应该怎样让上司知道我乐意承担更多责任？

6. 我怎样学习其他部门的工作方法？

7. 如果我在现任的岗位上走得足够远，公司里还有什么其他岗位是我能胜任的？

8. 有没有什么任务是其他人不愿意接手而我可以自告奋勇的？

9. 作为一名管理者，我怎样才能使我管理的员工业绩更好？

10. 我愿意做出承诺吗？我愿意承受升职所必要的牺牲和风险吗？

成为主宰命运的主人

不要把我们的不如意和受挫归结为制度的原因——除非真的完完全全是制度的原因。诚实地看待我们未能达成目标的原因，如果我们发现还有可以完善、可以努力、可以提高的地方，就要予以纠正和改善。积极、开放地应对工作，努力成为一个出众的员工，而不仅仅是一位不错的员工，这样我们就将走上事业的成功之路。

> 我们除了坚强别无选择的时候，便能承受所有的不幸、失败和胜利。我们也许并不觉得自己可以，但实际上如果需要，我们还是可以激发出强大的内心的。我们远比自己以为的更加坚强。
>
> ——戴尔·卡耐基

如何重振旗鼓

无论是在工作上，还是生活的其他方面，经历过一些重创之后，人们就会士气低落，自信心严重受挫，这种情况并不少见。除非立即采取积极的矫正措施，否则长期的低落会演化成过度的自怜和彻底的失败。

克莱德绝望地认为自己不能从这次损失中恢复过来。多年来，林肯制造公司是他最大的客户，给他带来的收入占总收入的百分之三十。但是他刚刚得知，林肯公司将关闭在托莱多的工厂，设施和业务都将并入休斯顿的分工厂。

接下来的好几周，克莱德都在一直为他的损失而闷闷不乐。他的销售经理与他进行了好几次鼓励的谈话，鼓励他开发新客户，给他指出一些新方向——但似乎作用都不大。

克莱德拜访了那些潜在客户，但是他的陈述很平庸，他对自身能力的怀疑也影响到了客户，最后他没能拿到任何新订单。

原本的损失加之现在的失败，情况就更糟糕了。克莱德陷入了灰暗的悲观之中无法自拔，甚至开始考虑自己是不是应该摆脱销售行业，转行做一份较容易的工作。

设定可实现的目标

为了成为一名成功的推销员，克莱德已经苦苦奋斗了许多年，不应该让这么多年的心血就这么付诸东流。在销售经理的帮助下，他努力工作，希望可以渡过重大损失之后的这段“哀伤期”。他终于接受了客户搬迁的现实，并且明白这和他的能力没有半点关系，他仍然是他自己，仍然拥有曾经的能力和动力。现在他必须重拾信心和热情，重新开始。而重获信心的唯一方法就是推销成功。所以他为自己设定了新目标，并与经理讨论了这些目标。

“阿特，我将在六个月内重新拿下那笔生意。”

“好，克莱德，你的行动计划是什么？”

“我会十分努力地工作，同时延长我的工作时间，最终我会达成我的目标。”

“我很高兴你能有这样积极的感觉。但是让我们研究一下市场，然后设定更现实一点的目标。如果在短期内设定的目标过高，你就有可能完成不了，现在对你来说，更重要的是设定一个低一点的、你肯定能达成的目标，然后以这些目标为起点，东山再起。”

阿特说得对。重振旗鼓的最佳办法就是感受新成功，如果重新设定的目标难度太大，取得新成功的可能性就较低。如果设定现实一点的、更容易实现的目标，每达成一次，我们就对自我的信心更坚定了一分。

我们要向自己证明自己的能力，这是迈出下一步的坚实基础。成功才能孕育成功。按照阿特的建议，克莱德不仅恢复了损失的生意，还在接下来几个月里持续增加了销售业绩。

回顾曾经的成功

玛丽贝斯先前的婚姻是一场灾难。前夫长期的责骂把她从一个开朗自信的女人改造成了一个畏畏缩缩的失败主义者。

大学毕业后她就结婚了，虽然当时她想当教师，但是前夫说服她在银行谋了一份文书工作。她觉得自己可以做一份更好的工作，但是前夫一直说她没有能力胜任任何责任更大的职业。他对她所做的一切都鸡蛋里挑骨头，不断地贬低她，贬损她的自尊。过了三年这样的生活后，玛丽贝斯和前夫离婚了，开始追求自己的新生活。

回顾自己的过去，她发觉大学时期的她最快乐、最成功，于是她报名参加了一所当地大学的继续教育课程。她在课堂上表现积极，优秀的课后研究报告以及最后获得的优异成绩都在她心里强化了“自己是个成功者”的信念，这使她鼓起勇气递交了一个硕士学位项目的入学申请。后来，她在硕士期间表现出色，毕业之后成功留校任教了。

通过回顾曾经的成功，寻找机会重新创造辉煌，玛丽贝斯成功地把自己从低落情绪中拯救出来，重新过上了充满幸福感和满足感的生活。

“关心”而不“焦虑”

卡洛斯最近非常焦虑，饱受失眠的困扰。因为还有一周，他的新上司——一个陌生人——就要上任了。他与以前的上司相处得极好，但是上司退休之后，公司并没有任命一位资深员工接替主管工作，而是从公司外聘请了一个人。

“也许这个新上司会很难相处，也许他会不喜欢我。”接下来几天里，卡洛斯在工作时都感到非常局促不安，晚上难以入眠。他发觉他的朋友——也是他的同事——托尼并没有感到不安，于是问道："托尼，你不焦虑新上司的事吗？"

托尼摇摇头，回答道："我当然很关心这件事，因为他会带来一些新变化，但我并不焦虑。最坏能发生什么情况？最坏不过是他会炒了我。如果他炒了我，我也可以凭借自己的技术找到一份新工作。但是他没什么理由可以炒我，因为我的工作完成得很好，今后也会一如既往的好。如果他在工作上做出了调整，我想我可以适应这些调整；如果我适应不了，还有其他工作可以做呢。所以有什么好焦虑的？"

卡洛斯把这席话记在心里，他终于能够安心工作了，也不再失眠了。他当然仍然关心这件事情，但是有了这些话在心里控制情绪，他能够自信地应对这个局面了。

击退忧郁

我们都能够重振旗鼓，都能够击退那些使我们情绪低落的忧郁；我们能够处理具体的事务，也能够战胜消耗心理力量和能量的抑郁。

当忧郁来袭，我们绝不能让它吞噬了我们的希望。金灿灿的太阳仍然在天上，只是暂时躲到了乌云后面，乌云的金边就是那一线线的希望。

在通往希望的路上，可能有人羡慕嫉妒、有人愤怒等，或者有"黄灯"让我们过于谨慎，不敢勇往直前。

为了重新过上玫瑰般的幸福生活，我们要无比清晰地勾勒出自己的目标，燃起热情的火焰，调动强大的力量和坚定的决心克服遇到的困难。唯有力量和决心才能使我们跨过阻碍前进的暗坑，褪去生活的灰暗，让生活重回金光闪闪。

本章要点

◎我们做出的努力中，总有成功的，也有失败的，成功的喜悦中总是点缀着点点失败的苦涩，而思路清晰、计划合理地对抗失败往往能够使我们绝地反击，反败为胜。

◎我们要预料到有时会遭遇失败，并且时刻保持好自己的状态，不因失败而陷入沮丧。

◎如果我们是管理者，当我们的员工遭遇失败时，我们有责任鼓励他们、培养他们，帮助他们取得自己的成功。

◎要成功，仅仅完成任务是远远不够的。要想真正走到他人前面，就要在工作中超出他人对我们的预期，要富有创造性，并且勇于承担失败的风险。

◎为了培养能带来平和和幸福的积极心态，戴尔·卡耐基建议我们应该做到以下几点：

1. 脑子里只有与和平、勇敢、健康、希望有关的念头。

2. 永远不要企图报复你的敌人。

3. 预料到他人的忘恩负义。

4. 细数你的每一件幸事——而非祸事。

5. 不要模仿他人。

6. 努力从失败中获益。

7. 为他人创造快乐。

重振旗鼓的最佳办法就是感受新成功。

附录一

戴尔·卡耐基简介

戴尔·卡耐基如今被称为人类潜能开发运动的先驱。在他的课程和著作的引导下，世界各地的无数人都成了自信、乐观和有所作为的人。

1912 年，卡耐基在纽约的一家基督教青年会开始了他的首场公开演讲课程。与那个时代的大多数公开演讲课程一样，卡耐基也是从理论开始讲起。可是他很快就注意到，台下的学生已经表现出厌烦和躁动的情绪。看来必须想一些办法。

卡耐基停止了讲课，他镇定地指向后排的一名男生，叫他到前面来做一个即兴的自我介绍。这名学生讲完后，他又叫另一名学生上去讲，直到班上的所有学生全都轮了一遍。在全班同学的鼓励和卡耐基的引导下，每一名学生都克服了恐惧，做了令人满意的演讲。“当时我还不知道自己在做什么，”卡耐基后来说，“我碰巧找到了战胜恐惧的最好的方法。”

卡耐基的课程十分火爆，甚至其他城市也邀请他去讲课。随着时间的推移，卡耐基不断地完善自己的讲课内容。他了解到，学生们最感兴趣的是如何提高自信心，如何改善人际交往，如何收获成功的职业生涯和如何克服忧虑与恐惧。于是，他的课程重心开始从公开演讲转移到上述的这些方面。他的教学方法也开始强调实现目标的过程和方法，而不仅仅是讲述目标。

卡耐基不仅从他的学生那里了解到他们的需要，他还花费大量的精力研究成功人士的生活方式，并且把研究的结果加入到他的课程当中。后来，他据此写成了他最有名的作品——*How to Win Friends and Influence People*（即《人性的弱点》，官方最新修订版新译名为《交际的艺术》）。

这本书立即窜入了图书热销榜，并且从 1936 年（以及修订版出版的 1981 年）出版开始，这本书已经销售了超过 2000 万册。同时，它还被翻译成36种语言。在2002年，该书被评为20世纪里排名第一的商业图书。在 2008 年，《财富》杂志把它列为每一名管理者都应该拥有的 7 本书之一。

卡耐基的另一本书，写于 1948 年的 *How to Stop Worrying and Start Living*（即《人性的优点》，官方最新修订版新译名为《克服忧虑，释放自我》）也销售了数百万册，并且被翻译成 27 种语言。

戴尔·卡耐基于 1955 年 11 月 1 日逝世。华盛顿一家报纸的讣告这样总结了他对社会的贡献:“戴尔·卡耐基没有解决宇宙的疑难问题，但是，在帮助人类学会彼此相处这方面(有时,这一点对我们而言是至关重要的东西),与他同时代的其他人无人能够与之匹敌。”

附录二

戴尔·卡耐基联合公司简介

戴尔·卡耐基联合公司（Dale Carnegie & Associates, Inc.），前身为卡耐基培训班，成立于1912年。它从一个人对自我提升的信仰开始萌芽，发展成为提升绩效的培训公司，它的分支机构遍布世界各地。戴尔·卡耐基联合公司帮助职场人士发展技能、提升业绩，使他们获得积极的、持续的、富有成效的改进。

从100多年的真实商业经验中，戴尔·卡耐基原有的知识体系不断得到更新、丰富和完善。公司遍布全球的160家分支机构通过提供培训和咨询服务帮助所有领域里各种规模的企业提升绩效。这种全球化的经营实践不断地丰富着公司的商业智慧宝库，在客户达成商业目标的过程中发挥着巨大的作用。

戴尔·卡耐基联合公司在美国的50个州和全球86个国家设有分支机构，公司有3000名导师用超过30种语言讲授培训课程。公司致力于为全球商业社会提供服务。今天，完成培训课程的学员人数已经超过了800万人。

戴尔·卡耐基联合公司强调实践的原则和过程，在课程设计中，为学员提供能够改进绩效的知识、技能和实践机会。

戴尔·卡耐基联合公司运用经过验证的解决方案来应对真实世界的挑战，这一点使之成为国际公认的潜能开发领跑者。

戴尔·卡耐基联合公司培训项目的毕业生中包括大公司的首席执行官、各种商业企业的老板和管理人员、国家的立法行政人员以及数不清的生活因课程而改善的个人学员。

根据一项持续多年的全球消费者满意度调查，99%的戴尔·卡耐基联合公司学员对接受的培训表示满意。

附录三

亚瑟·R. 佩尔简介

本书由亚瑟·R. 佩尔（Arthur R. Pell）博士在戴尔·卡耐基思想体系的基础上汇编而成。佩尔博士已经在戴尔·卡耐基联合公司担任顾问近 30 年。在公司的委托下，他对戴尔·卡耐基的 *How to Win Friends and Influence People* 一书进行了编辑和更新，新译名为《交际的艺术》。此外，佩尔博士也是《丰富你的生活——卡耐基之道》（*Enrich Your Life: the Dale Carnegie Way*）的作者，他也为 150 家杂志主持 *The Human Side* 专栏。

佩尔博士写有 50 多本著作和数百篇文章，内容有关管理、人际关系和自我提升。除了他自己的作品之外，佩尔博士还编辑、更新了许多经典著作，比如拿破仑·希尔（Napoleon Hill）所写的《思考致富》（*Think and Rich*）、约瑟夫·墨菲（Joseph Murphy）所写的《潜意识的力量》（*The Power of Your Subconscious Mind*）、詹姆斯·艾伦（James Allen）所写的《人如其所思》（*As A Man Thinketh*）、源赖朝（Yoritomo Tashi）所写的《常识》（*Common Sense*）以及奥里森·斯韦特·马登（Orison Swett Marden）、茱莉亚·西顿（Julia Seton）、华莱士·D. 沃特尔斯（Wallace D. Wattles）的作品。

附录四

戴尔·卡耐基原则

成为一个友好的人

◎不要批评、指责或抱怨。

◎真诚地赞美他人。

◎激发他人的渴望。

◎真心地对他人感兴趣。

◎微笑。

◎记住，在所有的语言里，最美妙的声音永远是自己的名字。

◎做一个好的倾听者，鼓励他人讲他自己的事情。

◎谈对方感兴趣的话题。

◎让对方感到他很重要，而且你要真心地这样做。

◎应对争论的最佳办法——不争。

◎尊重他人的观点，绝不说“你错了”。

◎如果你错了，立即毫无保留地承认错误。

◎以一种友好的方式开场。

◎尽快让对方说“是这样的”。

◎让他人多讲一些。

◎让对方觉得，你说的就是他的想法。

◎诚恳地站在他人的角度看待问题。

◎对他人的想法和欲求给予理解。

◎诉诸高尚的动机。

◎用故事表达你的想法。

◎激起对方的好胜心。

◎用真诚的表扬和发自内心的欣赏开场。

◎委婉地指出对方的错误。

◎批评他人之前，先检讨自己的错误。

◎通过提问来引导他人，而不是直接下命令。

◎顾及他人的面子。

◎赞扬每一个细微的进步，衷心地表达你的认可，慷慨地给予你的赞美。

◎给对方一个恰当的恭维，让对方有动力做到它。

◎多鼓励，让错误看起来比较容易改正。

◎当对方做你提议的事情时，尽量让对方心情愉快。

战胜忧虑的基本原则

◎活在今天。

◎如何面对困难：

· 问自己："有可能发生的最坏的结果是什么？"

· 准备接受最坏的结果。

· 设法改善最坏的结果。

◎提醒自己，忧虑可能会严重地伤害你的身体健康。

分析忧虑的基本方法

◎分析忧虑的来源：

· 搜集所有的事实资料。

· 反复思考、权衡，然后做出决定。

· 做出决定后，立即付诸行动！

◎用笔来回答下面的问题：

· 问题是什么？

· 产生问题的原因有哪些？

· 可能的解决方法有哪些？

· 可能的最佳解决方式是什么？

打破爱忧虑的习惯

◎让自己忙碌起来。

◎不要为琐事抱怨。

◎运用平均律化解我们的担忧。

◎把无法改变的事情当做机会。

◎想想一件事值得你操多少心，不要再操更多的心。

◎不要为过去担忧。

培养平和愉悦的心理状态

◎用代表平静、勇气、健康和希望的想法填充我们的大脑。

◎永远不要去报复我们的敌人。

◎不要想着别人会夸奖你，一般人都不知道感恩。

◎回忆让我们感到开心的事情，忘记让我们感到难过的事情。

◎不要模仿他人。

◎设法从失败中获益。

◎为他人创造快乐。